START

RIGHT

WHERE

YOU

ARE

果断美

[美] 萨姆·本内特　著

徐思思　译

北京联合出版公司
Beijing United Publishing Co.,Ltd.

目 录

引　言

所有的情绪都需要被感知

从前的我活得就是一个彻头彻尾的悲剧，萎靡不振，身无分文，筋疲力尽，自己都受够了自己。那是 1998 年，当然也可能是我成年后的任何一年。我的两个朋友——他们是一对情侣——带着一本心理自助畅销书来找我，想要给我打气。我还记得当时我瘫在沙发上（我已经颓丧得坐不直了），看着神采奕奕的他们，只想给他们来几拳。

说到底，我对心理自助这件事并不陌生。我已经当了半辈子的演员，先是在家乡芝加哥表演，接着去了洛杉矶。我觉得，我的职业生涯已经足以让我在心理自助这门课上修个博士学位的了。但对于自己的现状，我也没有更好的办法。于是，出于礼貌，我对那两位朋友表达了谢意，并收下了那本书，开始阅读。

我记得，作者在书中描述了她一天的生活：她不用闹钟就自然醒来，然后冥想，喝茶，见一两位客人，午餐，再打个盹，写作……这些都让我觉得难以置信。打盹？我从没想过，或者说，我无法想象那样的生活。

那时，我的日程表总是排得很满：打零工、演出、面试、做项目、表演秀……即便如此，赚到的钱也不多，只能勉强糊口。我记得我曾在塔吉特百货店里失声大哭，因为自己连条 16 美元的瑜伽裤都买不起（当时，瑜伽裤是时髦的洛杉矶人的标配）。我一直在努力工作，但总感觉自己在慢慢落于人后。我很不开心，总用"忙"来麻痹自己。我想："或许，只要我足够忙，就只需感觉'累'，而不必去面对那个时不时冒出来的想法——我活得很失败。"

猜猜我现在的生活是怎么样的？这么说吧，在过去的 11 天里，我做了以下这些事：

⟶ 我开始写一本新书，因为，午夜时，一个很棒的想法在我脑海中挥之不去。

⟶ 我买了辆新车，是时候让我那辆跑了十八万四千英里的 2000 年款本田雅阁退休了。

⟶ 我在加利福尼亚奥海镇的凯特·拜伦工作坊度过了脑力激荡的两天。

⟶ 我鼓足勇气向米切尔·斯蒂芬（凯特的丈夫）做了自我介绍。他是我在文学界的偶像。我真的感到很害羞，但我一定要告诉他，这些年他的作品对我意义非凡。我也知道，如果我不这么做，也无法说服你们突破自我。

⟶ 我开了一瓶上好的红酒，和一位老朋友愉快地聊了很久。而且，那位老朋友还是个大明星（所以我还知道了好莱坞不少趣闻）。

⟶ 我开始画一幅新的数字绘画[①]，这是我最感兴趣的事情之一。

---

① 按框内数字填相应颜色，由此画出一幅画。

——→ 我支付了一张巨额税单，感觉很棒，因为这意味着我的业务经营良好，而且势头不减。另外，我在这一年有了积蓄，所以我能全额付清税款。我的税务师为我感到骄傲。

——→ 我讲了七堂课，其中包括六堂线上课程和一堂线下课程。总计有1500多名来自世界各地、优秀且充满创意的人听了我的课。

——→ 我开车去了洛杉矶，顺道上了我最爱的即兴表演课，我可不想因为搬到海边就荒废了演技。

——→ 我和亲爱的卢克度过了两晚有趣的约会之夜，白天我们还一起在海滩上散步。

——→ 我做了一道诱人的土豆韭葱汤，是临时从一本又老又破的《茉莉亚儿童食谱》上学来的，味道不错。

——→ 我参加了一次线上研讨会，所以我现在对最新的电子营销技术了如指掌。

——→ 我换了一次牙冠（啊），修了我的苹果手机（再次啊），和出色的员工们开了两次简短而有效的集体会议，还读完了两本小说。

我还要说的是，这 11 天和我日历上的其他日程别无二致。

好吧，在你觉得必须给我两拳之前，我要说，我的生活也不总是晴空万里、星光灿烂——我呕心沥血地经营着我的"组织艺术家公司"，我也有和别人一样多的挫折和心碎经历。不过，我没有老板，也没有日程表——除了我自己安排的。我还能整天做我喜欢做的事，和我爱的人一起，待在我喜欢的地方。生活是如此甜蜜。

"在我无限的生命中，一切都是完美、完整且完满的。"在过去的 19 年里，路易斯·海的这句话被我写下了无数遍。终于有一天，我意识到这句话是真的。而今，我全心全意地相信这句话。无论发生了什么，生命都是无限的，是完美、完整且完满的。我的身心是完美、完整且完满的。即使在我临死之际（我特别喜欢想象我临死的那一刻），一切也都是完美、完整且完满的。

说了这么多，我只是想表明，心理自助书这种东西有时候还是有用的。你，也能变得更沉着，更有活力，更有爱，对自己和他人更宽容。你能更自信，精力更充沛。你逃不开生命里的痛苦，没有人逃得了。人们所受的苦都一样多（我们会在第 33 章重点谈论这一点），但是你可以让你的快乐也变得更多。

这就是本书的作用：帮你用小小的改变换来大大的快乐，这些大大的快乐又能为你带来更大的改变，甚至能改变世界。

我在这里面所有的建议都是一些很小的改变，或许你可以全部尝试一遍，然后选出你喜欢的坚持下去，其余的则可以抛在一边。无论如何，这些改变都是需要你立即，马上，果断去行动的事情。

以下罗列了几个我最喜欢的"小改变"，这些改变都将在这本书中具体探讨，不妨先睹为快：

1. 不再把手机带进卧室。永不。在清晨睡眼惺忪时分，伸个懒腰，和爱人慵懒地相互依偎，冒出些模糊又有趣的想法，试着重新享受这一切。这对每个人都很有用，如果你是一位"崩溃的杰出人士"，那么你将从中获得更大的益处。

2. 感知"能量网"。你处于一张无边无际的"能量网"上，你是它重要且不可或缺的一部分。再放眼望去，你是宇宙图景中的一个元素。你比自以为的更渺小，也比自以为的更强大。如果你是"崩溃的拖延症患者"中的一员，总是觉得"时间不够"，那么感受这张无边无际的"网"会让你平静下来。

3. 安排些"成人的赤膊欢乐时光"。不管你是否在恋爱，都试着留些时间脱光衣服，嬉戏玩耍。只需半个小时，你会重新发现什么会让你发笑，什么会刺痛你。兴奋是重建身心的好办法，同时还会带来很多乐趣。如果你对你的身体和性生活抱有"完美主义"倾向，你会发现这样做特别能够释放自我。

4. 接受这个事实——感到崩溃是一种选择。"崩溃"这个词已经被用滥了，它可以有很多不同的意思。我们会在第8、11和16章中探讨让你感到崩溃的真正原因，然后对症下药以减轻这一感受。崩溃是一种精神混乱的现象，它会导致没来由的不作为，而不作为就不会有任何好事发生。你或许可以大声读出前一句话，看看你是否能靠自己真正感受到这一点。

5. 把抱怨转变为提要求。停止抱怨。永远。如果你有要求，就去实现它；如果你有建议，就分享出去；如果你想改变一些事，就亲自促成改变。温和又大胆地直面糟糕的部分。如果你想要改变你的生活，就要开始为此承担百分之百的责任。

而抱怨只是被害者思维惯用的借口。你要战胜它。要想更好地实现完美主义，就要用新的、更有效的方法来引导你的洞察力、良好的判断力和对细节的敏锐观察力。

6. 扔掉那些对你不再有用的东西。杂乱无章的事物都是之前做出的决定的残留物，它们往往占据了太多的空间。把自己从旧东西中解放出来，这样就有空间来塑造全新的自我。我们会在第 49 章中为你清理你的"梦想柜"。当你和你的东西都有了呼吸的空间时，你一定会惊叹重新获得的能量居然如此之多。

7. 不要再想象和别人争论。人们很爱回想生活里的重要时刻，而且往往还会假设如果当时说了不同的话结果会怎么样。或者也会想象在未来的每个时刻，自己都能显得精神饱满、言语得体。你"过于苛求"自己，以致夸大了完美的一面，迷信自己应该（本应）更好、更聪明、更快。还是把你的想象力用在更有用的地方吧。

8. 花五分钟进行艺术创作。创造力并非艺术家所独有的。"五分钟艺术创作"是本书中最有用的建议，所以让我们现在就谈谈吧。

你可以这样做：当你下次感到沮丧、难过、崩溃、暴怒或者总困在过去却无法逃离时，花五分钟时间把你的感受用艺术的形式表达出来。画一幅画，写一首诗，跳一段舞，或者唱一首歌。这种艺术表达不一定要完美，事实上，我觉得故意创作得糟糕些更好，这样就能在创作完之后把它扔掉。我为什么要提出这个建议呢？因为情绪是需要被感知的。

一旦情绪得到了感知，它的能量就会被释放出来，转化为另一种不同的情绪。你一定有过这样的经历——大哭一场后，随之而来的则是深深的平静；抑或一阵暴怒后，你会咯咯笑个不停。换言之，压抑情绪只会让情绪变得更强烈，更阴郁，更凶猛。更糟的是，无论你采取什么方式去回避你的情绪，最终都会被它摧毁。所以，"五分钟艺术创作"是调节压力最快捷、最简单、最轻松的方式。

外化你的情绪也能让你重新审视它们。赋予你的情绪以色彩、节奏、图像和旋律，这能让你从新的角度来理解它们，而这也能够让他人更好地理解你。

"组织艺术家公司"的领队、我可靠的助手雷诺·提加一度彻底陷入了疲于应付学员又惧怕令人失望的情绪里。焦虑让她动弹不得，幸运的是，她想到要把大脑清空，并且把她的感受画成一幅速写。她把画发给我看，标题写着："这幅画里那只忧伤的边境牧羊犬就是我，她在池塘边哭泣，因为她害所有的小羊羔都淹死了。"这幅小卡通画太可爱、太忧郁了，以至于她开始笑自己。通过笑，她重新获得了能量，而且意识到她之所以有如此大的压力，只是因为她过于渴望把工作做好。

在我组织的一次"三日训练营"中，玛丽——一位有着图书馆管理员气质的高个儿女性举起手来，礼貌地问我："萨姆，你总在说'把感受用艺术形式表现出来'，但我还是不太明白你的意思。你能举个例子吗？"

"当然，"我回答，"如果让你现在就创作一首小曲来表达这不太明白的感觉，你会怎么做？"

她开始左右晃动她的脑袋，就好像一根指针一样，唱道："我不明白，我不明白，我不明白，我不明白……"全屋的人都大笑起来。她也大笑着说："好了，现在我明白了！"把挫败感转变成一首小曲，这让她振作了起来，也让我们所有人都感知、理解并且融入了她的情绪。现在，每当我觉得自己有些笨时，都会唱玛丽的小曲，这就好像在闷得透不过气的房间里打开了窗子一样，清风径直吹了进来。

当然，你的"五分钟艺术创作"不一定是幽默的。你会发现，你比自己意识到的难过得多、冷静得多或者愤怒得多。一名学生寄给我一幅黑乎乎的画。她画了一只大黑鸟，几乎涂满了整张纸。她说，直到看见自己画的画，才意识到自己有多么不开心。认识到问题是开始改变的第一步。

如果你想说，"萨姆，我可没有艺术天分"。那么想想你小时候画画、唱歌、跳舞、玩泥巴的样子。你完全没必要考虑你的作品要有多好，只需要用玩的形式来表达你的情绪。发掘自己还保留着的童真，你会诧异于原来"五分钟艺术创作"竟然如此简单。

在本书中，我们还会探讨如下话题：

√ 如何加强自己的直觉和内在认知？

√ 如何克服拖延心理，即刻行动？

√ 如何选择对自己真正有益的项目？

√ 如何找到和自己志趣相投，并且能够从中获得支持、赞美和珍惜的群体？

只要你愿意迈出第一步，所有梦想就都有可能实现，无论你已经对此期盼了多久。不要仅仅因为它们还没实现，就觉得它们再也不会实现。同样，不要因为你的生活、事业、计划都没有朝你想象的方向运行，就觉得一切都不会变得更好。无论你至今遭遇了什么，都有机会开始创造一个新的故事。现在就开始吧。

深呼吸。

专注当下积极的一面。

因为这就是你仅有的。

就从现在开始。

就在此地开始。

1.

用微小的改变，

创造大大的奇迹

有些时候，你有了一个目标或者梦想，努力想要实现它，然而，你努力了半天，却什么都没发生……一切都没有进展，你似乎寸步难行，看不到希望。你感到很崩溃，不是吗？

还有些时候，你有了一个目标或者梦想，刚开始行动的第一步，突然，仿佛全世界都主动跑来助你一臂之力……这感觉就好像，你动一动手指，就获得了海啸级的能量回报。可能你刚有了搬家的念头，立马就发现了一个绝佳的住处正在待售，而且价格令人满意，你只要迈开腿入住就行了。或者你正想找一个完美的商业伙伴，紧接着那个人就出其不意地站在了你面前，全心全意地与你合作。这些真是太美妙了，不是吗？

为什么有时我们能得其所愿，有时却不能呢？问问周遭的人，你会得到许多解释。人们或许会将其归结为强大的意念、感应、神临时刻、天使、命运、显灵、因果、运气或者偶然等。但是我的理论不一样——请注意，我说的"理论"并不是科学意义上的，而只是一种有趣的思考方式。

现在，想象你站在自我世界的正中央，你就是太阳，是轮轴，是暴风眼。现在，想象有很多条线从你身上延伸出来，就像车轮的辐条。就像对着蒲公英吹一口气那样，那些线把你和其他一切事物连接起来，代表着你与万物之间的潜在关系。每一个机会、每一段关系、每一件事都能通过那些线连接到你。你能看见吗？

如果你向任何一个方向迈出一小步，那么你能想象这些线和你的关系会有怎样的变化吗？现在，每条线的角度都有了轻微的变化，可能有些线之前并没有触碰到你，但它们现在正戳着你的胸口。也可能某条线变得倾斜了，不再与你有直接的联系，原本直指中心的其他线条都略微偏离了方向。

这就是微小的改变也能产生巨大变化的原因。你能想象到吗？现在，请思考你想得到却总是得不到的事物，可以是一段新的关系、一个宝宝或一个创意项目。你能否想象，自己只是改变了几度方向，就能和这件事产生联系？你能否想象一个看似遥不可及的目标竟然可以轻松达成？我每天都会从我的学员和咨询客户那里听到各种故事，比如当他们决定要写一本书时，立刻就会发现眼前正和他们畅谈的这位亲切的陌生人恰巧是位文学经纪人。又或是当他们下定决心要开始恋爱时，电话就响了，电话那头就是他或她的理想对象。

我还听说过一个关于火箭的绝妙比喻：一枚朝向太阳发射的火箭，轨道哪怕只偏差一度，它的运行轨迹也会发生戏剧性的改变，实际降落点甚至能够与原目的地相差 160 万英里。那么，你与梦寐以求的东西之间是否只差这一度的转变？

你与梦寐以求的东西之间
是否只差这一度的转变？

当你开始行动，你的视角（观察事物的角度）就会转变。你可以做个试验：坐在座位上，像猫头鹰一样转动你的头，观察你所看到的东西。比如，我坐在书桌旁，使劲把头转向右面，尽可能运用余光，我能看见地板上有一双鞋（我真应该把我的鞋整理一下），角落里摆放着爸爸留给我的瑞典木质行李箱。如果把头转向最左面，我可以看见一部分书架，书架前还放着几把绿色的大椅子。

马上做这件事，记录下你看到了什么。

好，现在你可以往任意方向稍稍转动你的身体。重新环顾四周，尽可能地从右转到左。你会发现你的视野已经发生了改变。我现在能更完整地看到行李箱，还能越过它看到咖啡桌。接着转向左边，现在我能看见所有的绿椅子了。

因此，我的行动理论是这样的：当你决定要得到某个事物，并且在物理上、情感上或是精神上开始行动后，这些行动就为你的生活开拓了新的道路。即使是很小的一步(物理上、情感上或精神上的)，也会带来连锁变化。即使稍稍改变一下视角，都能让你看到新的契机。

那么，当你希求改变，却什么也没发生时，又是怎么回事呢？这是因为你从没真正行动过，所以，你和一切可能性之间的关系毫无进展，你总是得到相同的结果，一遍又一遍。

所以，是"决定"和"行动"两者共同作用于我们充满可能性的现实。我们还可以在格言中得到一些真知灼见：

"如果你总是重复自己，那么你得到的只不过是你已经得到的。"

只要内心的航向有了一度的变化，你就会突然发现你能做到很多事，比如：

- 完成渴望完成的事
- 调节自己的身心，改善生理健康
- 让收入翻番（这并非遥不可及的营销口号，实际上，我已经达成了好几次，我的一些客户也是如此）
- 重塑对你而言很重要的人际关系
- 工作的时候放眼世界
- 超越你的眼界
- 与糟糕的过去、糟糕的老问题彻底告别

改变并不一定是耗时而艰难的，你也不要一味等待可以开始的时机。不妨这样想：你不能马上减掉30磅，但你可以表现得像一个已经瘦了 30 磅的人的样子。你可以像一个更瘦的人那样进食，可以像已经达成了目标那样对待自己。同样，你不可能立马就创业成功，但你可以表现得像一个成功的商业人士，并且每天都朝着目标前进。不积跬步，无以至千里。

小变化会让人感受到大不同。即使是一度的变化，也会让你感觉世界变了个样儿。这种变化因你的改变而起，只要克服了改变之初的不适感，你就能看到结果。

或许你会在镜子里发现自己美好的一面，而非以往对自己想当然的错误印象；或许你会发现自己能和别人聊得很开心，而这种感觉已经太久违了；或许你会发现，变得更亲密、更开放、更现实并不算太难。我不知道这些会如何发生在你身上，但是我保证，只要你开始行动，只要你愿意忍受改变带来的些许不适感，你就会发现生活有了奇妙的变化。

● ● ●　**小改变行动步骤**

　　如果今天你就愿意做出一度的改变，那会是什么呢？是试着增加百分之一的勇气吗？还是变得更快乐？更坦率？更友好？选个词来形容你理想中的模样，然后现在就想办法往那个词的方向努力一分。

● ● ●

2.

把自己摆在

你世界的中心

"以自我为中心"通常被视为带有贬义的评价，但由于有了轮轴和辐条的意象，每当我听到这个说法时就会想："对，我就是以自我为中心。我的中心就是我自身。"

当你以自我为中心时，生活的车轮就会围着你运转。你生活的环境就是车轮的外缘，你想要位居中心，但是一有事情发生，你很容易就被甩到车轮边缘，被生活裹挟着团团转，然后摔倒在地。

想让自己成为中心，就要学会掌握一些原则，这样你就不会被别人的意见、坏消息或是成功所影响而偏离中心了。

当你真的能够处在自己的正中心时，事情就会绕着你转，而非你绕着事情转。你只需待在原地，保持本真。

周遭环境不会再左右你的喜乐，你就是你自己的中心，无论外面发生了什么，你都能感知自己生活的快乐。

所以，让自己成为生活的中心。

我想向你介绍一种短时冥想的方法。我建议你登录我的网站，在这个网站上免费获取短时冥想的音频文件。相较于无声的阅读，通过听，你或许更容易在脑海中想象这些内容。或者，你也可以自己朗读这段文字并录下来，然后闭上双眼聆听。

如果你并不喜欢冥想，没关系，那就请你尝试一种简单、有效的呼吸方式。我坚持这种呼吸方式已经二十多年了，它陪我熬过了可怕的流言、无聊的说教、颠簸的飞行、洛杉矶的交通、面试时的紧张还有失眠……它是个神奇的帮手。

以下是具体方式：

吸气，数到四；屏气，数到七；吐气，数到八。

就是这样，4—7—8。

你只需做一遍，就会感觉好多了，我通常喜欢重复三次。在一次聚会上，我熬夜到清晨5点，我坐在沙发上，和一位有失眠问题的朋友一起试了这个呼吸法。之后，她说这样呼吸让她不再有"害怕自己睡不着"的念头。当然，我并不是说这方法对治疗失眠很管用，只是想说这样做有助于帮助你消除内心的恐惧。

我喜欢这样的呼吸方式，因为它很简单，同时，数数的模式也足够特别，能让我暂时从其他想法中抽离出来，重回自我的中心。

以下是冥想前需要读出来或者下载音频的文本：

如果你可以闭上双眼，就尽管闭上。如果不能或不想这样做，那就双眼放松，让视线稍稍模糊。放松眼睛，放松心灵，感知最中心的那个你。感知你中心的能量，就像触及事物的核心，例如树的心材。专注于中心的能量，让中心散发出的能量线清晰且强大起来。让你周围所有的事物都随之放松，放松你的双手，放松你的双脚，放松你的腹部、你的脖颈、你的下巴、你的舌头、你的心脏、你的关节、你的意识、你的判断力。感知你所散发出的能量沉到了土里，将你与这个星球连接在一起。感知能量在向上升起，穿过头顶，将你与天空连接在一起。

想象那些线在发光，想象它们熠熠生辉的样子。想象它们变得更亮。然后，让这些闪亮的光柱变换颜色、亮度和大小。

而你就待在自己的中心，开始吸气，二、三、四；屏气，二、三、四、五、六、七；呼气，二、三、四、五、六、七、八。吸气，二、三、四；屏气，二、三、四、五、六、七；呼气，二、三、四、五、六、七、八。吸气，二、三、四；屏气，二、三、四、五、六、七；呼气，二、三、四、五、六、七、八。

谢谢，谢谢你和我一起这么做。

这样的冥想有很多版本，能够帮助你消化这本书中的内容。随心所欲地应用它们——没必要苛求精确，没必要点蜡烛，也没必要追求完美，只需大胆地去想，做自己感兴趣的事，把别的都暂时抛开。做让你感到舒服的事。做出小改变，不是吗？

● ● ●　**小改变行动步骤**

就是现在，做三次"4—7—8"的呼吸，随意重复这个过程。

● ● ●

3.

描绘一张强大而

永恒的"能量网"

我创建了我的工作坊，帮助人们获得生活的能量，并写了这本书，这样，我们就能更加深入地探讨如何实现充满创造性和精神富足的生活了。

我喜欢提供实用且可操作的材料。我的第一本书名叫《完成它：每天 15 分钟从拖延症到创意天才》。我很现实，也很享受关于创造力的教学。

但我最终意识到，我没有谈到关于"以自我为中心并连接一切"的内容，而这些内容总能让我从落魄和精疲力竭中得到解放。我觉得，是时候开始探索内心之旅了。

如果你不相信你能变得富有创造性，那么无论我给你什么工具，你都无所谓，不是吗？如果你不确定自己可以冷静、成功或者被爱，那么不管给你多少有用的建议，都不能改变你的生活方式，不是吗？所以，我们要从最基本的开始——从你的最中心开始——然后再向外探索。

首先，我们从你的灵魂着手。这意味着，我会谈到"神"（God）。你是否信"神"？或许你对此有别的称呼，这些都无关紧要。我相信你一定有智慧找到你需要的精神寄托。我要声明的是，我并不是要劝诱谁信仰什么宗教。我不想让谁禁欲修行，也不想让谁全身心奉献。我知道你们中有些人把自己全部献给了"神"，我并不在意你的信仰，无论是宗教信仰、精神信仰、思想信仰，抑或什么都不信。我并不想让自己成为某种精神领袖或导师。我所使用的"神"或"能量网"之类的词，仅仅是指比我们更强大的永恒存在。

我的恋人卢克宣称自己是个无神论者，他阅读了大量关于"神"的主题读物，他说我谈及的"神"并不是大多数人所认为的"神"。所以,我稍后会进一步解释我对"神"的定义，但现在，我希望你自己找一个词来定义这玄妙的生命。

看日落，望群山，这些都会让你感到玄妙的所在。你可能是通过和动物相处，或是通过物理上或意念上的"流"来感受到这一点。所以，你可以用"爱""神性""精神""源泉"或者"小丑巴顿"等各种词来形容，只要你愿意。我之所以用"神"或者"能量网"这些词，是因为它们对我能奏效，而且也无须每次都尴尬地解释一长串"那个永恒的、玄妙的、比我们更强大的存在"。你可以在阅读这本书时把"神"这个词划掉，用"×"或者其他任何词来代替，我觉得效果会更好。找到对自己有效的词。

让我带着你练习两分钟，这样你就可以更加具体地感知我所谓的"能量网"，而不是仅仅停留在理论上了，因为，实践比理论更重要。

现在开始，在座位上慢慢改变姿势。只需稍微扭动一下，或者站起来转个身——类似的动作会让你意识到身体发生了变化。然后让我们回到你的心材——你的核心部分。感知你的中心能量，然后让它下沉到土地里，上升到天空中。

专注于你的中心，现在，它已经扎根于充满生机的大地，已经连接天空、星辰和太阳。想象光束发出带有颜色的强烈光芒。然后想象从你这里散发出去的射线就像一朵蒲公英，向外不断延伸，无穷无尽，熠熠生辉。

然后想象其他人——所有的人，在行走、在购物、在小睡、在工作的人——想象他们也都有着闪光的内核和射线。你能看见这些纵横交错的线吗？我们一起创造了一张巨大的"能量网"。想象一下这张巨大的网，你能看到自己的能量与其他无数人的能量交汇在一起，延伸至地球的另一端，进入未知的世界吗？你能感知到它吗？能量就在这张网中恒常变动。

现在，想象其他生物也亮了起来，它们发出的能量线彼此相连。所有的动物、树木、海洋生物、植物，甚至地下的矿物都充满能量，成为这张网的一部分。

再好好体会一下这张网。你是否有一种"这是一片汪洋，而你是其中的浪涛"的感觉？你可以试着拉扯这张网，拽着这张网，把它拉近你自己。你是否能够感知"能量网"进入自己体内，感知你和所有事物的连接？你是否能够想象，当你连入这张"能量网"时，你内部的能量也被唤醒了？

想象你从内部发出光芒，和这张网里其他发光的部分相连。有些和你直接联系，有些看上去离得很远，但我们都身处其中，构成完美的整体。

请注意，无论你有多闪亮，你都无法从这张网中夺取什么。"能量网"是恒常的，它看起来像是你们的能量，但并不属于你们。所以，没有什么会消失掉或损耗掉，因为它们都是"能量网"的一部分。如同热力学第一定律：能量会以不同形式转化传递，不会产生也不会消失。换言之，你无法打破这张网，无法摧毁它，无法推开它，因为它比你要强大得多。而你依然是其中重要的一部分。

在这个星球上，我们都只是这种能量的一种形式。"能量网"是永恒的，是一切造物的起始和终点。我们都是"神"的意志的显化。我们通过"能量网"共同创造了现实。我们是"神"的手和脚。

如果你愿意，现在，你可以通过"4—7—8"的呼吸方式结束冥想，回到当下。但是请在脑子里一直想着这张网，因为它非常值得我们去进一步探索。

你离不开这张"能量网"，它是一份遗产，是传承到你手上的礼物，你也应该将之传承下去。换言之，你离不开"神"。可能有时你会感到自己离开了，但那只是你自以为的，就像下雨的时候你觉得太阳消失了，其实这种想法是错的，太阳还在那儿，在云层之上。"能量网"知道，你从来不会离开。

此外，你要做到不再质疑自己所表现出来的神奇能量。不要觉得这不对，这不是你的能量，或者你做得太过或做得还不够。要相信你就是一切。其实，你就是由星辰构成的。如同奈尔·德葛拉司·泰森在《宇宙》第一段所言：

"我们要认识到，是分子构成了我们的身体，原子构成了分子，而就目前可知，原子曾经和大质量恒星的核心同源……我们都是相连的。对于每个人，从生理层面来看；对于土地，从化学组成层面来看；对于宇宙中的所有事物，从原子层面来看……我们都在宇宙之中，而宇宙也在我们之中。"

接受能量，与宇宙能量相连，让它治愈你，让它通过你来治愈他人。让"神"通过你来显"真身"，就如现在的你一样。这样的事随时都会开始，也一直在发生。你只需要更有意识地做这件事。

你可以通过意识看到这张"网"是怎样对抗逻辑、预测和常识的。如果一切都有关联，那么，毫无疑问，巨大的突破就有可能出现，一些人和事会毫无征兆地突然出现在我们的生活中，而一生一次的机会也会在某天出现。

在内心深处，我相信"神"就是"能量网"。我不把"神"视为一种道德力量。我觉得，和自然界一样，"能量网"并不在意我们做了什么，因为"能量网"和自然界中都存在着各种因果法则。但人类总是在意自己做了什么，在乎那些规定和条条框框。但是对"能量网"来说，你是完好的，你是被宽恕的，你是有价值的，你是重要的，你被人爱，你就是爱。

我想象"能量网"是有声的，并将这种声音称为"喜乐哼唱"。这是宇宙唱出的旋律，听上去像"嗡"一样。而这种哼唱的能量，这天地万物，始终都在变化——呼吸运行，细胞分裂，事物来去，水变成蒸汽，蒸汽聚成云，云带来了雨，雨又变作水。生死相依，循环往复。能在此刻身处其中，我们何其幸运。真是"神"赐的祝福。

"神"就是"喜乐哼唱"。

所以，当我说到"神"，我所指的就是"能量网"。

● ● ● **小改变行动步骤**

　　现在，让我们来做"五分钟艺术创作"，以此表达你在生命中感知与"能量网"、与比你更强大的存在、与壮美、与庄严、与生命的玄妙相连的时刻。（或许，你可以写两小段关于你与大自然的邂逅的文字，描述你的经历及其意义。）

● ● ●

4.

先照顾好自己，

美好才能随之而来

如果你已经准备好连接"能量网"，连接自己的内心了，那么从现在起，你就要开始更加关注自己。

关注自己并不意味着自私，事实上，它恰恰相反。如果你把所有的时间都奉献给了别人，自己就会变得疲惫、紧张、不知所措、精疲力竭，并会因此变成一个无趣的人。此时，如果你还让我们和你打交道，那你真是相当自私。

从另一面来看，当你休息、进食、冥想、行走、拥抱并创造性地满足自我时，你给这个世界带来的恰恰就是最好的你。你可以分享得更多，分享得更从容。你会考虑得更清晰，不会为小事而焦头烂额。

当你休息、进食、冥想、行走、

拥抱并创造性地满足自我时,

你给这个世界带来的是最好的你。

以下是我过去和现在的客户们告诉我的事例,这些都预示着你要开始"关注自己"了。

1. 即使已经感觉不舒服很久了,莎伦也不愿看医生。(结果她被确诊患有严重的贫血,这个病很好治,但如果疏忽了就会有生命危险。)

2. 戴安娜总是在午餐时间工作。大家不都是这样吗?(还真不是。)

3. 每次有人求助,杰森都不会拒绝。他觉得自己有辆卡车就意味着有义务帮所有人运东西。

4. 南希总会忍受一些"朋友"打来的又长又耗精力的电话,而他们打电话只是想发发牢骚。

5. 丽莎给她的朋友们打又长又耗精力的电话,只是为了发牢骚。

6. 克莱尔总给孩子们买新衣服，而不为自己买。

7. 贝琳达总是买新衣服，但是每次买的都和她一直穿的一模一样。（这不是购物，这是替换。）

8. 凯丽总是穿着又旧又破的鞋子。（没人会注意到磨损的鞋跟，是吗？嗯，会的。我们会注意的。）

9. 艾娃把昂贵的香体乳——她的母亲节礼物——放在了柜子里，一直都舍不得用。当她终于等到了一个自以为理想的时机时，却发现乳液已经过期了。

10. 伊森同时在照顾两个孩子和生病的母亲。每当别人问他是否需要帮忙时，他都会不假思索地回答"不用，谢谢"，即使他真的很需要帮忙。

11. 丹尼尔从来不买新衣服，因为他总是说自己打算开始减肥了。

12. 阿什莉觉得花钱请一位好私教（理疗师、教练或老师)来达成目标太浪费钱了。她总觉得可以靠自己做好所有事，但不管怎么努力，她的行动至今都没能够配得上她的雄心。

13. 克里斯托弗不再提升他的专业技能，也不再更新简历。

（给手头的简历建个副本，当你升职、完成一个大项目，或是获得了新学位、新证书时，把它添加进简历里，能让你更容易找到新工作或寻求加薪。）

14. 梅根是一名演员，她没有花足够的时间培养人脉，所以她的圈子很小，得到的资源也很有限。

15. 汉娜从不升级她的电脑系统，也从不备份文件。（一场灾难眼看就要发生。）

16. 维多利亚从不允许自己晚起，即使在情况允许的时候。

17. 凯拉总在看电影的时候睡着，因为她太累了。

18. 凯文有很多乱糟糟的杂物。（我们会在第 47 章中详细谈及这点。）

或许你会觉得自己根本不可能有足够的时间好好休息、启发心智、锻炼身体，并且把它们结合起来。但我要告诉你，这是完全有可能的。实际上，有些人之所以看上去总是神采奕奕，很少拖延，似乎总是积极向上，是因为他们养成了良好的生活习惯。我还可以保证，放任自流和照顾好自己，所花的时间其实是完全一样的。

放任自流和照顾好自己，
所花的时间其实是完全一样的。

因为每个人的一天都是 24 个小时，没有人的时间会多一点。有些人利用这 24 个小时来抚养孩子、写书、享受热火朝天的生活、让自己摆脱小肚腩，以及其他各种你觉得"总有一天自然而然"也会去做的事。亲爱的，想象一下。不自然的不是环境，而是你自己。

当你把自己照顾好了，就会发现其他所有事情都变得更轻松了：

·当你好好休息了，就会头脑清醒，能做出更好的决定。

·当你饮食合理了，就不再被动，能更灵活地处理信息。

·当你自由舒展自己的时候，就能更好地解决问题。

·当你感觉良好的时候，你的自信能带来更多力量。

你从不会让一个孩子衣衫不整、精疲力竭、营养不良地

四处乱跑，不是吗？所以，不要再认为好好地照料自己是你负担不起的奢侈。因为，恰恰相反，忽视自己才是你所负担不起的。

这个世界需要你。这个世界需要你好好工作。这个世界需要你的爱、你的同情、你的洞见、你高超的幽默感。特别是在气氛沉重的时候，像是交通堵塞时，在机场候机时，在杂货店里排在一个不断尝试使用过期优惠券的人后面时，在家庭聚会上，在可怕的月度销售会上，或是其他任何类似的场合。

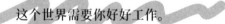

这个世界需要你好好工作。

● ● ●　小改变行动步骤

　　不要再如此匆忙。让自己在各种事务的间隙休息片刻。在下车前、开会前、接电话前，做三次深呼吸（4—7—8），并想想自己好的一面。即使你的日程已经安排得满满的，但只要几微秒的"重启"，就能让你在当下更加专注。

● ● ●

暂 停

日常劳逸

亲爱的"神":

每天的日常工作已经让我的心灵动弹不得。

有太多事要做,我已经累到了骨子里。

即使是我喜欢做的事都让人生厌,而在这日常的嘈杂中,我没有空间进行艺术创作。

但是,我听见你轻声说,我并没有去做你让我做的事。

而且,一年后,没有人会记得今天晚餐的营养价值不完美,但每个人都会记得我亲手制作的点心。

所以,就在今天,我宣布,我要拥有一段时间——毫无疑问、不容置疑、永不妥协的手机关闭时间,并用这段时间来做你让我做的事情。

这就是我对你的许诺,这样或许就能实现你对我的承诺。

爱你的我

5.

没有什么比你的

健康更重要

我想向你介绍一句美好又有些激进的话，希望你能立马把它记下来："没有什么比我的健康更重要的了。"

你之所以会拿起这本书，是因为你希望自己的生活变得更好。而我要告诉你的是，能让你的生活变得更好的唯一方法，就是从现在开始对自己好一点。所以，大声说出这句话，然后感受一下："没有什么比我的健康更重要的了。"

读完这章内容后，你还需要一遍遍地对自己重复这句话。好好照顾自己不应该是你每次遇到悲伤后跟自己说的"马后炮"，我们应该无时无刻不把它放在愿望清单的最顶端。其实，它或许构成了你的整张清单。

我知道这听起来可能有点疯狂，我曾经患有肺炎，这病折磨了我长达六个月，因为那时候，我忙着做三份兼职（送花，真是悲惨；公司前台，真是难以言喻的无聊；教表演，这还不错），同时还为我的演出公司创作了一部戏，在一部成功的午夜即兴喜剧秀中客串，还要料理家务，以至于我根本没注意到自己的重感冒已经演变成了更严重的疾病。我早就忘了要花点时间来照顾自己这回事儿，那段时间我病得相当厉害。

当你设想一下，只为了改善自己的健康而考虑时，你的脑子里会冒出什么念头？"那太自私了……我再也无法为任何人做任何事了……有太多人依赖我，需要我。"但这都是真的吗？我敢说，当你把自己照料得很好时，你的内心独白会是更友善一些的，事实上，你会为周围的人做更多事。那么，如果每个人都能照料好自己呢？如果每个人都能吃得好、休息得好、内心平和，这世界又会怎样呢？是的，那会带来一个全新的世界。

让我们把"没有什么比我的健康更重要的了"这句话展开一下。

你脑子里的负面声音没有你的健康重要；你的那些陈年旧事没有你的健康重要；甚至你家人的需求、你工作的压力、其他人的好意见……都没有你的健康重要。当然，我不是说那些事完全不重要。它们很重要，但是其实比起你的健康，他们也并没有那么重要。

让我们继续：你的银行账户或者财务状况没有你的健康重要；你的自尊心，以及关于你是谁、你应该成为怎样的人，或者你应该达到哪个高度之类的远大抱负，都没有你的健康重要；你对正确的渴望没有你的健康重要；你对受人喜爱的渴求、对受到欣赏的意愿、对受到认可的欲望……这些统统都没有你的健康重要。

就在这里暂停一下：你能想象自己把"健康"排在"受到认可"之前吗？坐着想一秒。那看上去像什么？也许，你计划在清晨时光里冥想、散步，突然，你接到一个电话，被告知有位客户发飙了。你或许会自我怀疑，然后牺牲这次散步的机会，这会让你觉得自己不是一个糟糕透顶的商人或者自私自利的懒鬼。但如果你认为健康是最重要的，那么你就会继续散步。你知道自己很快就会回去，并且能用良好的身心，更好地服务那位客户。你能明白这会有多大的不同吗？

把你能想得到的那些可能会出现的、比你健康更重要的事情记下来。（孩子、老板的召唤、头疼、电话、社交、疲劳、让你说"关我什么事"的陈年旧事……）

现在，你觉得还有什么事是比你的健康更重要的？想一下，写下来。你需要认清这些事，把它们都标上大大的粉色记号，当它们出现时，你就能认出来。因为，相信我，它们以后绝对还会出现。

我曾经有一位名叫玛丽安的客户，她想创业做教练，但仍旧全天候地在工作。当我督促她在周末给自己的潜在客户打电话时，她说："哦，我会的。但是这周我安排好了要帮'仁人家园'盖房子。这是工作上的事——我每年都做。"

"不，你要取消这个计划。"我回答道。玛丽安倒吸了口气。我继续说："告诉他们你很抱歉，但是有人会代替你去做。任何人都能建造那个房子，但是只有你能建造自己的事业。"

如今，我钟爱做公益活动，当然也理解同事们聚在一起为社区服务的意义。我觉得那很棒，也乐意看到更多这样的活动。但是我知道，如果玛丽安把那个约定放在她的梦想之前，那么所有的事都会优于她的梦想，这意味着她的事业就只能是一个梦想了。所以，即使她觉得那会在她的"好女孩卡"上扣分，她最终还是决定退出了那次活动，找人顶替了她。后来她告诉我，那个周末打的电话对她的新事业很有帮助，而且顶替她的同事也很享受那次机会，开始更频繁地参加公益活动了。所以，事实上，玛丽安的"自私"意愿带来了三方的共赢。

● ● ● **小改变行动步骤**

写下五个案例，把你的自我牺牲行为转化为自我滋养行为，并由此让每个相关的人都受益。比如，把一些例行跑腿的差事交给家里的年轻人去做，让他们当司机，这样既能体现出一种尊重的姿态，还能让你的孩子增添一份责任感，而你也能得到充分的休息，并且让整个家庭相处得更为和睦。又或者，你在自己导演的一场公益演出中耗费了大量的精力，你总是不满意，那就从中退出来，给别人一个指挥的机会。做一个改变可能会让你有更多时间来创作和享受，同时也给主办方一个机会找到更多可以依靠的志愿者。

● ● ●

6.

掌控时间的

六个方法

　　你是不是和我一样，越是随着年龄的增长，越感觉到时间总是如此的难以捉摸。在银行排队时，时间过得那么慢，你站在那儿，似乎都能感觉到自己正在攀爬出的皱纹。但是当你和最好的朋友"煲电话粥"时，时间却又总是一晃而过，溜得不知不觉。还记得刚出生的宝宝被放到你怀里的那一瞬间吗？时间就好像静止了一样。

　　我是从……好吧，几乎是从每个人那里了解到，他们无法管理好自己的时间。所以，这里有一些很重要的小改变，你今天就可以做。这些都是很简单的小方法，但会让你不再苦于没有足够的时间这件事，并开始享受你所拥有的时光。

1. 不再把手机带进卧室

从睡梦中醒来的瞬间，是一天中最重要的时刻，特别是对那些有创意、敏感和过度劳累的人而言。

网状激活系统是你大脑的一部分，用来调节你的意识，并告诉你何时醒来。如果你曾经好奇为什么一个细小的声音——像是地板的嘎吱声都会把熟睡中的你唤醒，那么你就要感谢网状激活系统。人体是不是很神奇？科学告诉我们，醒来的瞬间是一天中最具创意的时刻之一，因为你的大脑已经花了整晚的时间来重新组织记忆和想法，而且你的身体是放松的，所以你很容易在诸多想法中发现不寻常的联系以及新的解决方法，或者冒出很多特别有趣的新想法。

没有什么值得破坏这清晨慵懒的心情，比如看手机。互联网上没有什么事是不能等上 20 分钟再看的，而你可以利用这 20 分钟专注于呼吸，思考一些伟大的想法。

让自己慢慢地醒来，伸个懒腰，再眯上一小会儿，把身体蜷成一团，然后用一个大大的、美满的哈欠来迎接这一天，这是一种纯粹而本能的享受。在你起床之前，即使只花 30 秒来做"4—7—8"的呼吸，也能让你受益一整天。

"但是我要用手机当闹钟。"我听见了你的抗议。对，把这个习惯改掉，买一个纯粹的闹钟。"但是我有几个孩子——如果他们半夜打电话给我怎么办？"好吧，那就在靠近卧室门的地方放一个小架子或是充电底座，把手机放在上面。这样一来，如果有紧急情况，他们就不会联系不到你。只是你不会喜欢每个早上都以紧急情况开始。

2. 不要用检查电子邮件或社交媒体来开启一天的工作

你已经给马克杯里倒了咖啡或茶，然后坐在桌子前。"好吧，"你想，"我先检查一下电子邮件，确定没有什么太要紧的事，再开始做其他重要的事。"接下来的事你也知道，两个小时过去了，你还没有做任何重要的事，而在此之后，你的一天就被会议和电话挤满了。

先做重要的事。电子邮件可以放放再说。

老实说，你通常多久会收到一封两小时内必须回复的电邮？如果你的回答是"好吧，有过那么一两次"，那就请设置一个两分钟的定时提醒吧，在这两分钟里，你可以筛看电邮，以防有真正紧急的事。确定没有紧急事务需要处理后，就立刻向前推进，把之后的两个小时花在重要的事上。

重要的事是指只有你能做的事，是那些能够获得长期利益的事。其中包括创意工作，有教育意义或带来自我提升的工作，对商业项目的战略思考，做计划，建立人脉，开发新材料，关注会计管理体系，以及创造新的方法，使你的工作更好地被人了解。

重要的事是指只有你能做的事。

如果你能在一天的头两个小时里做重要的事，那我保证你的整体生产力会上升。我也敢说，一旦你的团队知道你不再对每个微不足道的请求都马上做出反应，他们就会自己琢磨着解决一些事，甚至完全不会再用鸡毛蒜皮的事来烦你了。

3. 要及时沟通，但不一定要马上就做

我通常会等上4到24个小时才回复邮件、电话、短信和私信。我发现这让我有时间区分轻重缓急，去考虑人们的需求并给他们确定的答复，要么是"好的"，要么是"不了，但十分感谢您想到我"。我觉得，变得稍稍有城府一些是有好处的。要可靠，但绝不是容易使唤。

4. 有意识地接收信息

我喜欢全球的连通性，我愿意了解世界的趋势。我觉得，了解最新的事件是我的公民权利的一部分。

于我而言，获取新闻最好的途径是一份优质、老派的报纸。这是否意味着我通常会在第二天才知晓世界上最新的暴力事件？当然，我喜欢这样。我必须很留意大脑所接收的图像，因为一旦接收就再也摆脱不掉了。我对最近的飙车、重大枪击事件或是党派争执没什么兴趣。我发现，谨慎的确是勇敢的先决条件，能够保持自己的节奏，而不被 24 小时永无止境的新闻圈指挥，这让我更加沉着、平和。

当心你的大脑所接收的图像，因为一旦接收就再也摆脱不掉了。

新闻节目的目的是让你看新闻。新闻节目——无论是收音机里的、电视里的，还是网上的，都只是一种消遣。新闻的撰写和创作方式都是为了让你参与其中，挑动你的情绪。这就意味着人们读新闻、评论新闻都是消遣。无论一件事看上去是高雅的还是低俗的，他们都能给你演绎出一个故事。这就是为什么他们会按照一贯的方式构建新闻，耍一些把戏。（用播音腔说这些话："剪刀。它们能剪东西，但是会剪到你吗？请在11点锁定我们的频道，届时为你揭晓！"或者是："不要换台，接下来你会看到，当红电视明星仅仅换了个发型就能改变一切！"你也可以按照这种方式，编一段新闻。）

请你计算一下花在这类消遣上的时间。审视一下能影响你观点的声音，然后思考一下你对时事新闻的看法是否来自于你自己。如果是由别人——特别是娱乐圈的人——促成你的观点，或者由他们告诉你什么是重要的东西，那么你就是放弃了自己的权利。

5. 充分发掘能带给你灵感的新媒体

很幸运，在我们所处的时代，艺术家们能够自己掌握发布作品的方式。我们不需要等一家唱片公司来发掘下一位爵士乐巨匠，再把唱片发行到各个商店，才能欣赏到美好的音乐。爵士音乐家可以完全依靠自己，以自己的方式把音乐传向世界；而你可以直接从发源端听到这些作品。更妙的是，你可以直接和音乐家以及其他粉丝交流。他们和你一样品味非凡，或许是你乐于去了解的人。

世界上有太多优秀的艺术品、著作、音乐、游戏、电影、智力游戏、字谜、小说、诗歌、音频和讲座……这些都能在你的笔记本电脑上找到，你不再受限于大众娱乐市场——除非你愿意，因为市面上也有一些很厉害的娱乐作品。

你不再需要居住在大城市才能感受到多元文化。文化无处不在，也不仅仅限于高雅文化。你很容易就能找到任何让你感兴趣的东西，可以是深海钓鱼，可以是毛利风格文身，可以是胡萝卜雕花。人类社会总在讲故事，而我们有权聆听。

为了成为更好的自己，你应该走出既定轨道。每天做相同的事，看相同的东西，听相同的声音，会让人觉得时间就这么从指间溜走了。从另一方面来看，你花在学习和享受优质文化上的时间，会丰富你的白天，激活你的夜晚。给自己一些新的体验吧。

6. 在你的日程表里写下每一件事

计划你的清晨散步；计划拜访一位亲友；计划你的夏季度假，以及探望家人的旅程（这和度假不同，因为花时间和家人在一起当然自有其乐趣，所以另当别论）；规划阅读的时间、清理书桌的时间，还有逛跳蚤市场的时间。如果你把这些规划安排进日程表，实现它们的机会就会增加一千倍。

我总听到有人说："我真希望有时间来写书。"你确实有时间，只是把它用在了别的事上。所以，如果你想写书，就把它当成一次不能错过的约会记下来。下定决心，就没有什么事能阻挡你写作。坐下来，把字写在纸上，不一定要写得很好。事实上，它们也不会很好。万事开头难，但是如果你不开始，就永远无法做到更好；而如果你从未留出时间，你就永远不会开始。

如果你不开始，就永远无法做到更好。

我习惯于随身带一本笔记本，因为对我来说这是更好的方法。我发现使用纸、笔方便且可靠，而且还有个好处，就是我一旦写了些什么，大多都能记住。我还可以亲手在日程表上标出重要的标记。

比如，今天的日程表开头就用大写字母拼出单词"write（写）"，这个词占据了整张表格，以提醒我今天不要考虑做其他任何事了。明天是周五，我在这天的最后一部分画了一个大大的 ×。我不喜欢在周五下午工作，所以每周的这段时间我都会翘班。是的，我安排了偷懒的时间。因为如果我不这样安排，就会一直坐在办公桌前，既无法专心工作，也无法好好地享受自由时光。身处灰色地带，既没有生产力，也无法好好休息，我怀疑这就是很多人感到倦怠的原因。他们体会不到能量的涌动，而这种涌动源于高质量的工作或是真正抽离工作之后的重新投入。

我总是更新谷歌日历，因为我的团队需要了解我的行程。但是我不会经常推荐它。你可以尝试任意一种方法，无论是传统形式的还是数字形式的，直到找到适合自己的方法。

注意：记日程或许会让你像青春期的孩子一样叛逆。"不可能，朋友，"你想，"我需要自由！我不要束手束脚。我只想去任何我想去的地方。"我知道这种感受。你可以按照你的想法去做，然后用一段时间来观察这样的策略带来的结果。如果你能完成每一件事，而且能享受很多自由时光，并且不会常常紧张，怕忘掉什么重要的事，那么恭喜你，你可以忽略这条建议。但这样一来，你并不能真正地享受自由。你会总感觉乱糟糟的，总是比别人落后一点。那就试着记日程吧。你会发现，当你计划了玩乐时间和工作时间后，这两者都会让你享受其中。

此外，日程表的结构随意，怎么方便怎么来就行。

● ● ●　**小改变行动步骤**

　　选一项之前被你忽略了的重要活动，把它写进日程表中。不要放弃，即使它看起来有些不切实际。

● ● ●

7.

不要打"忙得崩溃"

这张牌

你是否注意到有一个全球流行的游戏叫"忙得崩溃"？

甲："我太崩溃了。我早上 6 点就要起床准备演讲，然后送孩子上学，再赶着去和客户会谈，横穿整个市区去参加午间聚餐，晚上 7 点前都回不了家。"

乙："哦，我也是。我太太太太太忙了，真要命。我早上 5 点就必须起床，完成客户的委托，接着就要开各种会。我还负责了一个大项目，晚上 8 点以前我都不可能离开办公室。"

丙："你们真是太幸运了。我比你们两个都要忙得多……"

是时候摆脱以忙得不可开交为荣的态度了。忙碌并不是一种美德，变得紧张、疲惫、头脑枯竭也不会给你加分。相反，我认为你是在用"崩溃"这个笼统的词来欺骗自己。

你感到崩溃，就像告诉医生你觉得很累一样。这不是说你在撒谎，只是有很多原因会导致疲劳，所以需要进行诊断。有很多事都会让人崩溃，每件事都需要不同的治疗方法。

到目前为止，我发现了九件容易引起崩溃的事，具体如下：

- 想法太多
- 半途而废的项目太多
- 干涉太多
- 实际压力太小
- 在便利店买东西
- "不会拒绝"综合征
- 有太多时间／没有截止时间
- 时间的绊脚石
- 长期处于过于繁复的要求导致的忧虑中

在接下来的几章中，我们会依次分析这些内容。

● ● ● ● **小改变行动步骤**

停止说"忙得崩溃"这样的话。如果你一定要炫耀自己的忙碌程度，至少换些有趣的说法。我的祖母曾说，她"比独臂裱糊匠还忙"。或者自己编个说法，像是"篮子太多，毛驴只有一头"。或者表达得更有责任感一些："我选择把这周的日程表排得满当当的。"或者承认你喜欢这样："我这周要待在深水区，而且没有浮板，但是我觉得扑腾水还挺有趣，所以没有额外的时间做别的事。"

● ● ●

8.

你的崩溃是

因为想法太多

  我的做创意类工作的客户有一个通病，想法过剩。他们一旦有了一个生动的、绝妙的想法，就会接连产生一个又一个其他想法。（仅仅是最初的那个想法就足以让他们崩溃——该怎样开始实施这样庞大的想法呢？）

  是否应该办个展览，以展示在祖父最后的日子里为他拍摄的照片？或者搬到俄勒冈州开一个瑜伽工作室？但是，你还一直想出版诗集……你愣在原地，看着脑子里的好主意像流星一样一个接一个地划过。

  如果你是这类人，那你有一个美好且想象力丰富的大脑。

不如动手把这些想法写下来。你不需要对它们负责，但是你可以享受创意的涌动。毕竟，不是每一个想法都一定要实现。而且，一旦你把想法都写下来了，或许就能意识到其中有一些想法在重复出现，你可以将其视为非常有活力的想法。把它们放在一起看，你或许会发现有些想法可以进行组合，比如制作一部肯·伯恩斯风格的电影或者PPT来播放你的照片，背景音乐配上你自己创作的诗歌朗诵，说不定会产生唯美、绝妙的效果。谁知道呢？或许你也可以在俄勒冈州教瑜伽时，播放诗歌朗诵来结束冥想。

不要总是想着你有很多想法并为此得意，要试着管理这些想法。你会发现，摆脱这种压力会让你更容易把其中一些想法变为现实。

● ● ●　**小改变行动步骤**

　　动手写下你的所有想法，不管它们多么遥不可及，多么愚蠢，或是看上去多么普通。然后，找一个合适的地方储存这些想法。我喜欢用纸板糊的杂志收纳盒当作文件夹，但是风琴包、大信封还有旧茶罐用起来也不错。你或许更喜欢把它们保存在网络上。无论什么方式，适合你的就是最好的。

● ● ●

9.

目标放低一些,

效率更高一点

　　针织篮里放着织了一半的毛衣;抽屉里搁着一本只读了前三章的小说;你买来准备为宝宝的第一次圣诞节制作装饰品的工具还闲置着,虽然宝宝现在已经五年级了。

　　当你留下来的半成品变得随处可见时,你会不由得感到疲惫。只完成一半的任务会在你脑中产生"非闭合圈"——这是"效率大师"大卫·艾伦提出的概念——这个"非闭合圈"会占用你大量的精力。

　　你会找出很多合理的理由为某个项目的搁置做出解释。你可能只是失去兴趣了,这无可厚非,可以这样打个比方,远在南极的生物不会因为你没吃掉盘子里的东西而饥肠辘辘。

你可能因为犯了一个错误或是受到挫折，所以不想做了，还可能是错误的完美主义阻止你继续下去。此时，或许正好可以就完美主义的心声做"五分钟艺术创作"，看看你的项目是否能从它的魔爪中挣脱出来。做创意工作从来都没有什么完全正确的方法。

当然，也有可能是害怕完成工作的心态作祟。全心投入到项目之中，对你的生活、工作和各种关系有很大影响。所以你任它发展，而不是马上完成它。虽然做一个才华横溢的浪子能够保护自己，但是最终你会让自己不满意。如果你对工作全力以赴，看看会发生什么？

我也见过一些人中途退出了项目，因为他们发现自己已经处在了"牢骚区"——这是"共识引导大师"山姆·肯纳提出的概念。他用这个词来描述协商过程中的一个节点，在这个节点，各种不同的意见会令人感觉好像陷入了僵局，似乎永远无法达成共识。而这个节点通常出现在崭新、完美的解决方案即将浮出水面之前。我发现，在项目进展异常艰难的时候也是如此。一旦新鲜劲儿过去了，而终点还遥遥无期，厌倦和沮丧就会乘虚而入,成为主导。不妨试着建立些小目标,甚至可以是很微小的目标,这样会确保你能从每一个进步中得到回报。

● ● ●　**小改变行动步骤**

　　坦诚地面对你的内心，明智地对待你没有完成
的项目，然后迅速做出决定，可以随它去，也可以把
它写进日程表，以便继续完成它。

● ● ●

10.

人生需要一点

果断美

在杂货店排队的时候，我注意到一份小报的头条上写着："谐星减重 50 磅，找到真爱！"我为这位谐星感到高兴，但是这篇头条新闻也暗示了一点，如果一个人——即使是电视明星——想要找到真爱的话，或许必须先减肥。这真是愚蠢。你可以在生活中发现真爱以各种体态、年龄或是身份出现。而如果在你的梦想与你之间有一长串的步骤，那肯定会让人崩溃。

我还听到过循环借口："好吧，我会更新自己的网站，但是我需要新的照片，也就是说我需要一件新 T 恤，这样的话我要先找到三年前收到的百货商店礼品券，因为我没有多余的现金了，因为我没有足够的客户，这又缘于我的网站没有更新……"你是否也有这种旋转木马般的想法呢？

其他让人泄气的"中间步骤"想法还包括：

- 你需要一个学位或者证书
- 你需要等孩子们都长大了
- 你需要等到负担得起更好的装备时
- 在一场伤心或失望之后，要开始新的尝试还太早
- 无法遏制地要去调研、调研、调研
- 你需要先还清债务
- 你需要通过实习或工作来获得经验

记住我的话：你比自己所认为的知道得更多，你再也不会比现在准备得更好了。现在就是最佳时机。你需要给自己一点果断美。抛弃那些循环借口，果断开始你要的人生！

● ● ●　**小改变行动步骤**

如果你一下子就能跳到目的地呢？你会为此做

哪些尝试？写下来。

● ● ●

11.

没有压力

也会让你不堪重负

有的时候，你觉得崩溃不是因为事情艰难或者复杂，而是因为你根本不想做。

我的好朋友艾米·阿勒斯——一名"叫早电话教练"——最早向我介绍了这个观点：有时候人们说自己不堪重负，实际上是因为压力太小。

记得最近一次有一堆烦琐的事需要做的情形吗？你是不是刚开始就觉得筋疲力尽、十分恼火？是的，这就是因为压力太小。

又或许你有一个看上去不错的计划，而你感到有压力是因为你知道你要完成它，但对此并不感到兴奋。

雅各布的私人训练生意经营得很不错。他如愿忙着和好莱坞的客户打交道，且收入稳定。但是渐渐地，他发现自己在退步。他会忘了给客户开发票，这会影响他的财务健康状况。他还发现他和老客户都只是在走过场。他不停地说发生这种事只是因为他"不堪重负"。事实并非如此，这是典型的压力太小的症状。因为他厌倦了，正处于对生意的倦怠期。

更深入一点分析可以发现，雅各布会厌倦是因为他在生意上已经处于巅峰——无论是培训水平还是幕后的商业运营体系，他需要新的挑战。我们列了一些想法：开设新的培训班，可以更有趣些；或者开始网上教学，多接触网友。但是燃起雅各布斗志的主意是培训其他培训者，向他们传授自己多年来总结出的营销和销售系统，让他们找到并维护高端客户，让客户们感到满意。

现在，雅各布有两份生意，都发展得极好，而且并没有让他感到不堪重负。

● ● ●　**小改变行动步骤**

是什么让你不堪重负？你能找到别人来做吗？或者，你能把它转变成一场博弈吗？有没有方法提高赌注，让这场博弈更有趣？比起为图书馆基金筹集一千美元，筹集一万或者十万美元怎么样？是不是听上去更诱人？

● ● ●

12.

永远记得给自己

留下从容的时间

当有人和我说他一天的时间根本不够用时，我通常发现他有这些错误的判断：

- 对一些任务实际要花费的时间没有清楚的认识
- 不会按重要次序安排事务，或是不会改变次序
- 不会统筹，不会做计划

如果你无法认清一些事情实际花费的时间，就会感到急匆匆的。如果你不按重要次序安排事务，就会把太多时间浪

费在不值得的事上，而没有足够的时间去做真正重要的事。

如果不做计划，直到最后一分钟你都会手忙脚乱，而且结果常常不尽如人意。

比如，可能你经常在回家路上才想起来要做晚饭，于是不得不去附近的便利店里随便买点食物。不要这样做，不如花时间把这些事放入日程表里。你的私事经常被挤到角落里，让你疲于应付，这会增加你的崩溃感。

安排日程的时候，记得要算上周转时间：交通堵塞的时间、找停车位的时间以及等电梯的时间。忽略两地间的周转时间，往往会造成重大的延误，这也是你经常感到崩溃的原因之一。

同理，在电话会议之前或之后，记得给自己留出 10～15 分钟的缓冲时间，透口气，喝点水，整理思路，然后从容地开始下一项活动。

● ● ● **小改变行动步骤**

花 10 分钟试着记录你一整天里的一点一滴，不单单是大事情。这个做法看上去有些累人，但是我发现，写下每件事实际花费的时间，务实对待你在一段时间内真正能完成的事，要比想象在 45 分钟内就能完成为开会而洗澡、更衣、做头发这一系列步骤要轻松得多。

我以前经常压榨"准备"时间，以至于每次出门前我都像个疯子一样到处乱窜。我从不会改变计划好的出发时间——我向来准时。但是我会压缩准备时间，以至于只能随便拿起一件外套穿上，然后在车上化妆。最后我意识到，之所以会这样，是因为我是在利用肾上腺素出门。你看，我还完全是在家里的状态：没有想过要出去。另一方面，我拒绝迟到。所以我会看着表，直到时间所剩无几，然后利用害怕迟到的心理作用促使自己离开。后来，我开始渐渐摸索到出发前可能需要的时间，这样我就有时间在镜子前化妆，确定我要前往的地点，带上一瓶水，以及准备其他所有能让生活更愉悦的细节。（顺带说一句，在开车的时候化妆实际上是违法的，所以让我们一起保证不再这样做了。）

● ● ●

13.

你可以

果断拒绝

　　你是那种大家一有需要就会给你打电话的人吗？你是不是总被当成顾问？你是不是经常发现自己正在"被讨教"，或者对方打电话只是为了向你"发泄一下"？如果是这样，那你可能正在遭受"不会拒绝"综合征的折磨。

　　"不会拒绝"综合征患者经常答应一些自己并不想做的事，包容那些并不值得的人，并且完全不能把自己的事放在第一位。具体症状包括胃痉挛、无助地叹息，以及生怕说"不"以后不再招人喜欢。

　　我们是群居动物，对团体的需求很敏感，因为我们知道自己无法独自生存。我们有时希望独处，但动物本能告诉我们必须合群，否则很难生存。所以，你取悦他人的行为多数都是优秀的生存机制的一部分。你不想被认为是贪婪的、自私的，或者占用了太多资源——那可能会让你被团体抛弃。你想得到大家的喜爱，想尽可能地为群体做贡献。这是可取的一面。

困住你的不是自卑，这也不意味着你懦弱。你只是在被生存机制主导，实际上，你并不需要靠它来生存。

你从小被教育要做个好人，要分享你的玩具，低声说话，不能用手挖着吃生日蛋糕上的糖霜。猜猜结果会怎样？这些都起了作用，所有这些社交礼仪也都起了作用，你成了一个非常好的人，但是你活得很累，你并不快乐。

你经常控制自己的行为，就像每次上车前重读司机手册一样。然而，你的友善并非时时刻刻都会受到考验，你可以允许自己有一点点不友善，把玩具留给自己，大喊或尖叫几声，把蛋糕弄得一团糟。你可以尝试这么做。果断一些，没什么难的！

所有这些社交礼仪都起了作用，

你是个非常好的人。

如果你不再把生活交付给任何一个要榨干你的人或组织，你会发现，他们其实并不会把你踢出去。而且，即使他们把你踢出去了，可能也是种解脱。无论如何，我相信你不会像被困在浮冰上一样无处可去。

如果觉得直接拒绝难度太大，你可以试着这样做：下一次有人让你做你不想做的事，就告诉他们是我不让你做的。是的，就这么说："杰瑞，我很想为天才秀表演的彩排帮忙，但是我的咨询顾问萨姆不让我参加任何额外的项目。我本人当然很乐意，但是我不敢——萨姆会要了我的命。"

看到了吗？很简单。把我说得厉害点。

● ● ● ● **小改变行动步骤**

今天，礼貌而果断地拒绝一些你以前无法拒绝的事。

● ● ●

14.

给自己制定

"每日最小要求"

很多人觉得，一旦拥有大块的时间，比如退休、离职或者暑假，就能有充分的时间，做完所有的事情。比如，你终于可以有时间写作、做瑜伽、吹长笛，一切都会很棒。

接着，大块的时间来了，然后，时间一天天地流逝，而你最终什么都没做成。

有太多的时间，可能会和时间不够一样让人崩溃。如果你可以随时开始，那么你怎么会知道要在何时开始呢？

与这个问题相关的另一个问题是：没有人觉得这是个问题。当你抱怨自己的时间太多时，会感觉徒劳无功，更糟的是觉得自己很蠢。谁会同情这样的事？所以你只能自己承受着，并感到羞愧。没有什么比保守秘密更能加强你的羞愧感了。

你怎么看待一个人在每一个漫长的下午都在电视上看家庭改造节目？

好吧，我喜欢家庭改造节目，但是我也相信我们天生有生产力。我们热爱学习、工作、玩耍，我们热爱发展、成长以及解决问题，我们还热爱自己正在为这个世界做出贡献的感觉。太多没有计划好的时间会让人感到压力和沮丧。当我们不知道自己要干什么的时候，我们就会放弃。

我想告诉你一个诀窍：为你的生活注入一些创造性的紧张感。"紧张"这个词听起来不太好，但是紧张的结构使得拱形能够稳住拱顶石，而两性间的紧张感常常是各种美好事情的开端。

想象一下，有一个目标让你有点惧怕，有些人让你神经紧绷，甚至或许有些事让你相当肯定是不可能发生的。让这种念头在你脑中放大，接触它，感知有一种充满能量的关系——紧张感——处在你和你的目标之间。感知你和目标之间的"能量网"里充满了能量的光辉，然后让那种紧张感推动着你前进，迈出第一步。

当迈出第一步后，你要庆祝。第一步总是很容易被忽视，特别是你觉得自己本该走得更远。但是，你做到了，比昨天做得更多。这就很棒，值得自豪。

现在就为自己定个"每日最小要求"，让它超级容易实现，但仍旧意义非凡。如果想要写一本书，或许你的"每日最小要求"就是在索引卡片上写一句话。如果想要整理车库，或许你可以每天在那儿待上 5 分钟，不管你做不做事。

当然，还有我最喜欢的"每天 15 分钟"策略。我坚信每天花 15 分钟在要做的事情上，是最有效的方法，它具有能够改变你整个生活的力量。

试着去做吧。

如果你要做的事情有些宏大，可以为自己设置一系列小目标，只要坚持六周，就能够让你朝着更大的成果前进。六周的时间足够让人看到巨大的进展，而两个六周就是一个季度的时间了。制订一个计划，比如在秋天为你的历史小说做调研，从冬至开始提笔写，到春天可能就有了初步的草稿，你只要按部就班把它写出来就可以了。

计划大型而富有创意的项目，制定渐进的六日、十二日目标，坚持完成"每日最小要求"，让自己走出时间过剩的泥淖，走进创造生产力的平川。

● ● ●　**小改变行动步骤**

　　写下一个能让你为之一振的目标，然后定一个你觉得达到那个目标所需要的"每日最小要求"，这个要求应该足够小，小到你几乎没法做不到。好的，再把"每日最小要求"减半，对了——降低标准。所以，如果你想塑形，你最初定的"每日最小要求"是每天做 50 个仰卧起坐，那就把数量降到 25 个。如果你想重整后院，每天只需要待在那里 15 分钟就行了。当然，你可能最终会做 50 个仰卧起坐，或者花了整整一个下午除草，但那是额外的。第二天，你仍要完成"每日最小要求"。

　　通过持续不断的冲击，科罗拉多河在地表开凿出了大峡谷，而坚持同样会给你带来出乎意料的结果。

● ● ●

15.

那些时间的

绊脚石

大卫·休谟说过："世事难料。"

有的时候，一些事情，一些重要的、占据注意力的、耗时的、费力的事情，就这么发生了。例如一个刚出生的孩子，自己或身边亲近的人的健康危机，一份要求苛刻的全职工作，严重的财务问题等等。这些现实都让我们无法忽视。

我把这些生活中的大事件叫作"时间的绊脚石"，因为它们就好像挡在通往未来大道上的巨石，岿然不动，颠扑不破，亘古不变。

这是错觉。"时间的绊脚石"是暂时的，因为万物都是转瞬即逝的。

老话说"一切都会来的",而我更愿意在后面加上半句——"一切都会来了又走的"。换言之,事情之所以会来,就是因为它会走。而且一想到它终会离开,我就会发现并珍惜这个具有挑战意义的时段为我量身定制的经验。

这里有一些小建议可以帮助你解决那些"就这么来了"的事。

1. 把自我关心放到首位。现在你更应该尽可能地好好休息、好好调养。你需要所有的能量。把你的按摩预约次数增加一倍,参加年度体检,确保你有时间小憩、祈祷或冥想,并且每天至少有 15 分钟时间可以用来散步、跳舞、游泳或者做其他体育运动。你要先给自己戴上氧气面罩,然后才能帮助别人。

一切都会来了又走的。

2. 接受帮助。你觉得担下全部责任很容易,但这是错的。写下所有需要完成的任务,然后把你的名字缩写记在只有你才能完成的任务上，再把其他任务分派掉。比如：只有你能在病房里握着爱人的手，而别人可以代替你煮饭；只有你可以创作自己的作品，而别人可以代替你订机票、订酒店；只有你自己能去面试，而别人可以代替你去接孩子放学。我知道，你觉得别人做得没有你好，但或许会有惊喜。记住：这只是转瞬即逝的。

3. 找一个安全之所来分享你的感受。当你陷入危机的时候，你所面临的处境和其他人的就会产生微小的差异，你会很容易感到孤独和不被理解。请找一位值得信任的导师、训练有素的专业人士或者是支助团体，向他们诉说事情的真相，而不用害怕被人评判或自己的坦白会伤害别人。即使是"美好的"时间绊脚石，例如结婚或生育，也会带来疲倦、崩溃、忧虑和愤怒，如果你想跨过去，就要先感知到这些情绪。

1988 年，我 20 岁。那一年，我遭遇了一场车祸，我的背摔断了，第 12 节胸椎粉碎性骨折，头骨也有两处骨折。我在医院里住了几个礼拜，还得重新学习走路。我一回到家，就开始了漫长的复健之路，其间，我靠自己能办到的事并不多。

除了感到疼，感到新的身体局限带来的崩溃，我还感到十分寂寞。我的那些同样 20 岁的朋友并不能完全感知我正在经历的事。

我有一个名叫乔的朋友，他最终因艾滋病去世了。在他去世前几个月，他看上去生龙活虎，我们曾一起抱怨医生和止疼药，分享无助的感觉。我们就他的状况开各种带有黑色幽默性质的玩笑。

我还记得当我终于能自己穿上袜子的那天，我给他打电话。（当你被困在一个巨大的背部支板里，自己穿袜子远比听上去的难。）他为我感到十分高兴，我也很开心我的生命里能有一个人和我一起庆祝新旅程的开始。但挂断电话的时候，我的眼睛都快要哭瞎了，因为我正在好转，而乔没有。

我经常想起乔，也很感激生命中能有这样一个坦率、富有同情心且相当有趣的人和我共同分享那些经历。我至今还记得他讲的笑话，例如："一个火腿和一个艾滋病患者有什么区别？火腿可以康复，而艾滋病不行（译注：英语 cure 既有康复又有烹饪的意思，此处为双关语）。"说真的，我们因为这个笑话笑得不行。

4. 意识到往事已经不再。我们会和别人分享自己的故事，说起我们在其中扮演的角色。

"我是个成功的商人，还是个很棒的网球手。"

"我是家里的长女，已婚，家里我说了算。"

"我就是派对之王。"

我们容易把那些故事和目前的身份混淆在一起。所以当我们突然不再打网球，或者已经离婚，又或者发现派对上出现了一点小小的药物滥用问题，我们就会害怕自己的整个人设都崩塌了。但这也是极好的机会，可以用来做"五分钟艺术创作"，并在这一过程中更好地了解你的旧问题和新问题。你终究是你，你是一名优秀运动员、一个好妻子、一个风趣的人，这些标签永远是你所拥有的。

5. 追寻其他的目标。你或许觉得，在处理"时间绊脚石"时，理所当然要把别的目标先搁置一边。但是在你因噎废食前，问问自己，如果继续朝目标努力——即使每天 5 分钟——是否能帮你度过这段艰难的时光。如果回答是肯定的，那就请花费必要的时间来努力。如果你真的觉得目标需要放一放，那就妥善地把那个项目搁置好，标注上重新开始的时间。所以，你可以先把画板放进画夹里，然后在日程表上提醒自己，在生日之后的那个周一，或者孩子开学的第一天，重新开始画速写。无论是继续还是暂时退出，都要有意识地做决定，这样才能让生命之火生生不息。

6. 吸取教训。就像一位聪明的女士所言："事情不是发生在你身上，而是因你而生。"不管你当下的处境看上去有多惨，都值得自问一句："我能从中学到什么？"你或许能在宽容方面或耐心方面修个研究生学位。或许你一直被要求做一个更好的儿子、更好的女儿、更好的职员或者更好的老板；或许你要学会带着某种缺陷生活。这其中的真谛可能要在好多年后才会显现，但是对教训保持警醒，能让自己变得更好，这或许是有益的观点。

不管你当下的处境看上去有多惨，都值得自问一句："我能从中学到什么？"

7. 屈服。我有时觉得，面对"世事难料"的状况，就好像站在齐腰深的海水里。你知道怎样才能站稳，怎样随着波浪的起伏摇摆身体才能避免被击倒吗？当水流平缓时，这不难做到。那些时候，你感觉近乎"正常"。但还有一些时候，一个巨浪不知从哪里袭来，吓到你，击倒你，把你甩到沙滩上，让你变得惊恐，找不到方向。做你力所能及的事吧，接受自己的局限，即使你努力要超越它。你总在尽可能做到最好，而每个人都是如此。屈服并不是放弃，而是接纳。

屈服并不是放弃，而是接纳。

● ● ●　**小改变行动步骤**

花 15 分钟在对你而言很重要的事情上。最好马

上这么做。

● ● ●

16.

你真的

想太多了

　　你越来越觉得不堪重负，因为你想得实在太多太细了。每个想法之间有无尽的可能和组合，哪怕只搞定一个想法都很难。生活里充满了感知和想法，一切都急不来，因为一切都无法确定。你喜欢所有的想法，只选其一似乎就会伤害其他的想法，这种感觉就如同让你在一群可爱的孩子中选出一个最喜欢的孩子。

　　此外，强迫自己做出决定——无论关于什么事——会让你感觉好像被剥夺了自由，而你讨厌被限制。

　　是的，这就能完美地解释为什么"决定"这个词会引起不良反应。毕竟，decide（决定）的词根是 cide，本意是"砍""杀"。它和 homicide（杀人）、pesticide（杀虫剂）的词根相同。一旦选择专注于一个目标或项目，你就会觉得自己砍杀了其他所有可能。

我还觉得，或许是学校把你搞糊涂了。因为，你能够在学校里顺利通过考试是因为可以事先复习或知道答案。但生活不是这样的。在生活中，在创造的过程中，你不会预先知道答案。见鬼的是，你甚至不知道问题是什么。所以，你能做的就是信任自己的直觉，然后跟着零星的线索找到解决办法。把你的生活想象成一场冒险，而不是需要得到高分的考试。

信任你的直觉，

然后跟着零星的线索找到解决办法。

你感到不堪重负，因为你生性敏感，能与生命的所有可能性产生共振。这很好。但要记住，并非所有事情都需要有意义，例如小步走、做试验、玩耍。你或许不信任那些看上去太简单、太容易的事，但是可以尝试一下。

● ● ●　**小改变行动步骤**

　　试着用最简单、最便捷和最容易承受的方式来
做一件自己觉得不堪重负的事。确保这个方式不会花
费超过 15 分钟的时间，而且把开销控制在预算内。
注意，你所感知的即你所得到的。每周这样操作一次，
然后看看事情会怎样发展。

● ● ●

暂 停

我的全部

亲爱的"神"：

我的全部都归属于你，

全部的我都因你而生。

我将全部奉献给你。

我怀着谦卑之心，行你的路。

我温柔地遵从你的意愿。

我感到你手搭我肩，气息相通。

我对你的信任不容置疑。

帮助我听到你——每一声微小的低语。

爱你的我

17.

重新思考

你的健康问题

继续斟酌"没有什么比你的健康更重要的了",问题来了:"你的健康应该是什么样子的?"我发现,一般的女性杂志上关于"健康"和"自我护理"的例子都很乏味,而且往往不适用,有些人觉得做指甲护理带来更多的是困扰,而非治愈。

所以,让我们来梳理一下让你觉得"健康"的例子。对你而言,哪些词意味着"健康"?列个单子。

这里有128个词帮助你开始:

积 有弹性 爱冒险 精神焕发

熠熠生辉 沉着 活泼 喜悦

激昂　爽朗　安逸　舒适

居家　心满意足　行动敏捷　镇定自若

喜气洋洋　欣喜　美丽　有功劳

幸福　逍遥自在　充满喜悦　梦幻

无忧无虑　欣喜若狂　优雅　善于倾听

渴望　有活力　信福音　友爱

平和　低调　雅致　幸运

非常健康　神奇　友善　沉思

活蹦乱跳　仁慈　咯咯傻笑　温和

开心　警觉　豁达　淘气

感恩　天真　老当益壮　直率

帅气　自然　快乐　正派

健康　高尚　尽在掌握　健忘

神采奕奕　观察敏锐　合拍　有势力

精巧　乐不可支　好奇　开明

有见地　有感知　有直觉力　平静

爱说笑　敏锐　快活　宁静

喜庆　顽皮　轻快　高兴

体贴 有说服力 有见识 强大

特立独行 虔诚 悠然自得 兴旺

大笑 轻声细语 高贵 开朗

沉静 和蔼 安静 感激

叛逆 喜不自胜 吃饱喝足 安宁

有韧性 机警 强健 狂热

安全 从容不迫 安然无恙 轻松

愉悦感官 积极乐观 安详 可爱

性感 仪容整洁 聪明伶俐 制作精良

舒适 完整 沉醉 明智

火辣 友好（对陌生人） 顺其自然 禅意

舒展 兴致高 强壮 活泼

● ● ●　**小改变行动步骤**

选一些特别适合你的形容词，写下来，然后把

它们放在你经常能看见的地方。

● ● ●

18.

激活

你的健康

你已经了解了自己想要的感觉，那就再想想有哪些活动能带来这些感觉吧。做什么事能让你感觉更像真正的自己？呼吸、大笑、运动、唱歌、保持安静？睡 6 小时以上？每天散个步？读一本爱情小说？和朋友待在一起？看一看下面的清单，想想哪些能提起你的兴趣。

你会发现，看电视、看电影、上网和玩电子游戏都不在这张清单里。这些活动或许让人快活，但它们大多是消极被动的，所以只会麻痹你，而非激励你。

这里有 70 个想法帮助你开始：

表演　做手工　参加文化活动　舞蹈

划船　做白日梦　建筑　玩拼图

玩皮艇　画画　咏唱　情色游戏

断舍离　设宴款待　涂色　园艺

创作　寻宝游戏　烹饪　按摩

减肥　打乒乓球　手作　打牌

帮助需要帮助的人　激光枪战　培养兴趣　玩音乐

玩气垫板　写诗　即兴创作　陶艺

采访一些人　祈祷　发明创造　拼布手工

珠宝设计　阅读　玩杂耍　重新装修

跳绳　跑步　放风筝　航海

针织　跳跃　学语言　玩桨叶式冲浪板

玩对口型　学习/报个班　武术　冲浪

冥想　游泳　散步　太极拳

针线活　沐浴　规划　花时间陪伴动物

折纸　行走　做些古怪的动作　漫步

油画　写作　观察人　瑜伽

摄影　跳尊巴舞

● ● ●　**小改变行动步骤**

　　写下三个你觉得有益于你健康的活动，然后今天就开始做其中的一项。

● ● ●

19.

给自己的状态

标记一个信号

　　除了弄明白健康对你意味着什么，了解什么是"不健康的"也很重要。你怎样才能察觉自己偏离了健康的轨道？你的症状是什么？

　　对我个人而言，不健康的症状就是想法停不下来，也就是焦虑。（有点讨厌的是，在英语里，类似"焦虑""抑郁"这样的词既包含心理状况，也包含生理状况。所以这里先说明，我的理论可以把由焦虑和抑郁引起的生理和心理问题都解决掉。）而当我的焦虑发作时——它通常不会发作，但发作起来就像飓风来了——我会把双手拧在一起。

以前，我通常会试着让自己停下来，但是现在不会了。因为这对我而言是一个重要的信号。如果我的双手真的拧在一起了，我就会注意到这一点，然后想："哇哦，我现在十分不对劲儿，有些事出问题了。这意味着我的心智有点不正常了。"爱我的人也能明显地感受到这种变化。我的姐姐会知道，卢克也会知道。如果看见我拧着双手，他们就会说："好吧，她现在不行了。给她喝点水，别让她在这儿掺和了。"

有的时候，不健康的症状并非肢体行为，而是思维状态。当抑郁来临时，我的首要症状就是无法感受到快乐。比方说，我和朋友们在一起时，心里会想："我看见别人要么微笑、要么大笑，他们在说的事情肯定很有趣，但我很想知道，为什么我不能感受到那些乐趣？"这种感知就是所谓的快感缺乏——在任何事上都无法感受到快乐。

当你为不健康而苦恼时，
不要期望自己能做任何决定，
甚至不要期望自己能有很多感觉。

既然已经谈到我感觉仍有争议的一个话题，那就让我再说说抑郁的另一个阶段性的症状。在这个阶段，你会断定自己将要永远抑郁下去，你会想："生活太惨了，我会永远不开心。我从来就没开心过，并且永远不会开心了。我甚至想不到感觉幸福的时刻。我觉得所有快乐的记忆都是假的。我或许以为自己曾经很开心，但其实不是。那并不是真的。我也无法想象将来会快乐。"

当抑郁在你身上发挥作用时，会让你觉得它永远不会消失，这非常糟糕。因为你身处其中时就会觉得："永远也无法改变了，我没有希望了。"这种感觉与其说是痛苦难熬，不如说是坚信痛苦永远不会结束。这就是为什么抑郁被认为是一种致命的疾病。

我们大多数人都有一堆状况要处理：疲劳过度，饮酒过度，忧虑过度；你或许购物成癖，又或许暴饮暴食；你或许呼吸急促，又或许容易头晕、偏头痛；你或许后背疼痛。（你极可能后背疼痛。根据美国国家卫生研究院的数据显示，每十个人中就有八个人一生中曾遭受背疼的折磨。你或许没有感到焦虑，因为你的后背帮你担负了这个感受。）

对你的想法、行为、疼痛或者痛苦保持警觉，能够意识到自己的不正常，然后把你的反应重新表达出来，就好像条件反射一样。"哦，这就是我忍受不了了的信号。我注意到有些事发生了，我的身体有了反应，而我需要医治这种反应。我需要认真对待这段经历。"

不管你不健康的症状是什么，请不要因此责怪自己。你已经做到了最好，现在你要更好地关心自己。这样的话，或许症状就会减轻甚至消失。

生活的路很长。我的抑郁会时常反复，而当它发作的时候，我就提醒自己想想我的"独眼医生"（这是我想象出来的一个人物）说过的话："当你抑郁的时候，就像待在悬崖上的屋子里。"我讽刺地回答："好吧，谢了。那听上去很令人鼓舞。"而她回答："不，这就是现实。抑郁或许总和你同在，你的头脑里总有一条巨大的鸿沟，这对你来说总是有些危险的。"几年后的今天，我发现她的存在时刻提醒我，不要掉以轻心。

在抑郁发作的那些日子里，我试着找寻其中的闪光点。我觉得这是在提醒我放慢节奏。既然抑郁让我陷入沉思，我就会利用这个机会来检查我的工作，无论是它的发展轨迹还是核心机制。总而言之，我会保持沉思的状态，这会让我留意一些在过去的快节奏中注意不到的事情。我创作更多的诗歌，讲犀利的笑话，睡得更多，重读老书。每天我都和抑郁做一点斗争，看看是否能让它消失不见，哪怕只有几个小时能做到这一点。因为，一切都会来了又走的。

但是，最好的药就是预防。如果你能认识到早期的警告信号，就能避免那些不稳定的时刻，并减少它们对你日常生活的影响。

● ● ●　**小改变行动步骤**

　　写下你感到自己不健康（不对劲儿）时的三种

行为或思维状态，并把它们分享给你信任的人。

● ● ●

20.

饥饿、生气、

寂寞、疲劳的问题

在"12 步课程"中，你会了解到"HALT"这个概念，它是由四个单词的首字母组成的，即"hungry（饥饿）""angry（生气）""lonely（寂寞）""tired（疲劳）"。这个概念指的是，如果你感觉很糟，那么先问问自己是否有以下这四个问题——饥饿、生气、寂寞、疲劳，然后优先处理它们。

"HALT"成瘾时，就会有反复发作的风险。而不论是否成瘾，问题一旦发作，结果都是毁灭性的。你的想法会变得含糊不清，整个人都极为情绪化。（你是否曾经仅仅因为没吃午饭就对人恶语相向？我有过这样的经历。那并不是值得炫耀的事情。)

当你身体崩溃的时候，潜藏着的恶魔、怪兽以及负面想法就会冒出来，变得越来越真实。所以，在你做任何其他决定，或是要试着做其他事情之前，必须先解决饥饿、生气、寂寞、疲劳这四个问题。

我们还会在"HALT"这个词后加上另一个"T"，那就是"thirsty（口渴）"。我曾经听过蒂姆·费里斯的一个播客节目，在节目中，他采访了励志演说家托尼·罗宾斯，并问："对那些受挫的人，你有什么建议吗？"托尼回答："多补充水分。"我觉得，这个回答很明智。

在你做任何其他决定，或是要试着做其他事情之前，你必须先解决饥饿、生气、寂寞、疲劳这四个问题。

● ● ● **小改变行动步骤**

一个"HALT 应急处理"清单。确定当发现自己过于饥饿、生气、寂寞或疲劳时，你应该做些什么。在状况出现前，先设置好解决方案，以免造成太多伤害。你可以在包里放一根能量棒以防止低血糖；或在桌上放一只可以挤捏的压力球，来消除对政府官僚做法的怒气。这些都能避免各种不幸的发生。另外，或许有一天你能学会在感觉累之前就休息。

● ● ●

21.

你真的有

那么着急吗？

　　你的电子邮箱通知响了，你的短信通知响了，你的其他联络通知也响了。你收到了 47 个通知、13 个新请求，收件箱也都满了……一切似乎都很急迫。毕竟，它们都响了。那一定意味着它们很重要。

　　你的大脑会本能地对紧急的刺激做出反应。这是一种生存机制。一旦听到"注意！有事要发生了"的提示音——无论是丛林里预示着饿虎就在附近的窸窣声，还是伴侣发来短信提醒你回家路上买牛奶——我们都会分泌肾上腺素。

　　相应地，每当感到有所成就时，人的大脑就会释放出一种令人愉悦的化学物质——多巴胺，即使这个成就仅仅是回信说"好的，买牛奶。爱你"。如同西蒙·西奈克在他富有洞见的著作《领导者最后才吃饭》里提到的，我们会对不停工作上瘾，却没能注意到自己实际上一事无成。

对每天的行动多一些关切，会给你提供很大的帮助。审视自己是否足够上心的一个方法就是玩"因为 / 因为"游戏。

"因为 / 因为"游戏会让你在开始一项活动前暂停一会儿，问问自己，为什么做当下要做的事，为什么由自己来做。

所以，在开始为手边的一堆业务记账前，你可以和自己谈一谈："我为什么要记账？因为这很重要，这项副业的利润真的很高。为什么是由我来做这件事？因为即使我不喜欢这种琐碎的任务也没办法，我是唯一的员工。"好吧，这个想法或许不会让你马上去雇一个助理，但是如果你一周和自己这样聊上五次，就会发现它的价值。

**我们会对不停工作上瘾，
却没能注意到自己实际上一事无成。**

另一方面，如果你发现自己害怕去看望沮丧的苏珊——那个刚结束又一段灾难般恋情的朋友，那么你或许要听听自己的想法："为什么我要去看望苏珊？因为她需要一个肩膀依靠。为什么是由我来做这件事？因为即使苏珊的爱情生活就好像永不停歇的肥皂剧，但我还是很在意她是否幸福。"记住你的初衷，这能让你在因为害怕陪闺蜜喝醉或暴食而止步时，重新换上笑颜。

● ● ●　**小改变行动步骤**

通过"因为 / 因为"游戏，写下你最不喜欢做的

事，看看里面是否有今天就能排除掉的事。

● ● ●

22.

健康和

不健康的信号

接下来，把你健康和不健康的信号都总结出来，不要多想，快速地写下这些问题的解决方法：

1. 当你感到压力很大时，你的预警信号是什么？

2. 当你开始崩溃、状态变差时，会发生什么事？

3. 你浪费了多少时间、金钱和机会？

4. 遇到压力时，你的身体有反应吗？

5. 今天你是不是能为自己的健康做出一个新的选择？

● ● ●　**小改变行动步骤**

把这些问题的答案分享给关心你的人。

● ● ●

23.

那些事

和你有关吗？

　　和很多意识到要做出改变的完美主义者一样，我发现，学着把工作托付给别人是非常不容易的一件事。我真的相信独立是一种美德。而且，因为我太善于发现了，所以我能注意到每一个正确的想法，也总能列出一堆证据来说明为什么我必须亲自处理每件事会更好。

　　我的朋友啊，这种想法简直就是恶魔的伪装。

　　无论是在上世纪 70 年代，我还是个脖子上挂着钥匙的小孩时，还是在我成年后变成了一个独立艺术家时，我自力更生的能力总是能派上用场。在我运营"有组织艺术家公司"

的最初几年，我自学了很多东西:做网页、写文案、设计图像、管理小型企业、开在线研讨会、进行远程授课以及拟合同和签协议，而且在网络和电邮营销方面也很在行。每当我的商业伙伴抱怨她的网页被设计师给毁了，或者她的助理又把点击付费广告搞砸了，我都暗自得意，因为至少，如果我的生意上出了类似的差错，那也是我自己造成的问题。

看，这就是我的虚荣——不想让人知道我犯错了。如果让别人帮助我，他们就会发现我的失误和误判。独自工作能够让我保持一个光鲜、卓越的假象。

但是，随着"有组织艺术家公司"越来越成功，我意识到，所有事都亲力亲为反而会伤害到我真正想要帮助的人，限制了我和事业的成长。要知道，我上传在线研讨会所花的时间，其实可以用来和新客户交流、筹备新的工作室或者写书。

我用自己的双手创建了一份事业，也同样用这双手结束了这份事业。它令人安逸，但是格局不大。

一旦我愿意面对我的自负，承认我对自给自足的看法是虚幻而危险的，随后，我的事业就取得了巨大的飞跃，公司收入翻了一倍。小改变，大不同。

我意识到我已经听了太多企业家朋友的抱怨，说找个合适的员工有多难。有一个朋友每年至少会换两位助理，每次她都觉得自己找到了想要的人，但结果却总是让她失望。她并不想想自己的所作所为对这种状态的影响，只是不停地周而复始。

一旦我不再关注其他企业家的受难故事，转而专注于我真心喜欢和别人一起工作的事实，我的团队就开始成型了。毕竟，我曾把我的整个生活都放在剧场中。而在这个剧场里，特别是在我的副业——即兴表演剧场里表演，就要完全信赖自己的同伴。我意识到我可以雇那些和我的价值观相同、觉得我的笑话好笑，并且拥有我无法想象的技能的人。之后，当我听到一个朋友忧伤地哭诉自己没有一个可以信赖的团队伙伴时，我心里就会想："那和我无关。"

我常会用"那和我无关"的想法来应对一些事，比如去做每个人都觉得最近不好做的事，比如在大家都说出版已死的时候卖书。那是他们的想法，不是我的。你自己试一下。"改变很难？"那和我无关。"十几岁的人办不到吗？"那和我无关。"你不可能找到自由又高薪的工作。"那和我无关。

● ● ●　**小改变行动步骤**

　　写一个时长五分钟的童话故事，用来讲述你的处事方式。举例如下：

　　从前，有一位聪明的皇后，她觉得自己能做任何事。有一天，她正在舞厅里为护壁板掸灰。她的精灵教父出现在她面前，问她："你在干什么呢，皇后？""要想有个好帮手真是太难了。"皇后说。精灵说："我的甜心，那和你无关。"这时，突然出现了一支由帅哥组成的军队，每个人手里都拿着羽毛掸，瞬间就把整个舞厅打扫干净了。

　　那晚，皇后举办了第一场精彩的舞会，之后又办了好多场。当音乐响起时，人们伴着香槟谈笑风生，皇后听到来自内心的声音："啊……这才关我的事。"还有传言说，那天晚些时候还有皇家裸泳。不过那就是另外一个故事了。

● ● ●

24.

分享负担

就是分享财富

一旦我意识到我可以高薪雇用专家时，专家们就都冒出来了。这里有个小贴士：永远不要克扣专家的报酬。如果没有办法的话，就从别的方面节省，但是高级人才需要更多的回报。而且，出手阔绰的感觉其实很不错。

我的团队成员都会发现，我从来没有发过一份岗位招聘广告。想一想，你在领导你的家庭、小组、班级、团队或是机构时，优秀的人是否都是自动汇集过来的？我们将在第59章中详细谈到群体、团队和价值，但是我想先在这里稍稍展开一下。

永远不要克扣专家的报酬。

我经常说："只有你才能做的事，就一定要亲自做。别人也能做的事，就一定让别人做。"我曾经有个朋友，为一位广受赞誉的名流工作。朋友吃惊地发现，那位名流拥有一名私厨、一名保洁管理员、一队保洁员、一名杂工、一名司机、几名园艺师、一名泳池管理员、一位私人助理、一位助理的助理（也就是我的朋友）、一位发言人、一位造型师、一个发型化妆团队、一位社交媒体经理、一位装修设计师、一位健身教练、一位救生员。这位名流把生活里的每件事都外包了出去，因为她知道，谁都可以购物，谁都可以去干洗店，谁都可以安排夏天去缅因州度假的琐事，但是只有她可以搞创作、抚育自己的孩子，所以她没有雇用保姆或者保育员。然而，其他的每件事她都会交给专家团队来完成。

如果你总是被许多不重要的事情打断，为此分心，你就要考虑一下这些事情的轻重缓急。即使你没有像名流那样多的家庭预算，你每天也可能需要分派出去不少工作。重复的工作或者行政流程很容易处理，而我向你保证，当你找人帮你分担你不喜欢做或不会做的事后，你就会感受到深深的愉悦。我知道别人可能做得没有你好，但是说真的，谁在意呢？你正在做的事情真的是你不得不去做吗？不亲自去做真的会有影响吗？

我知道那种感受，"哦，教他们做比我自己做花的时间要多三倍"。对，这没错，第一次，甚至第二次、第三次和第四次都是如此。但是到了第五次，他们或许就能自己应对了，而你将永远不用处理这些事了。或许，他们还能找到更好的处理方法。

记住，分派任务并不是放手不管。不是把事情交托出去，然后就永远不再去想了。你需要设置好程序，然后确保有检查和二度检查的步骤，虽然那不一定要由你亲自来做。你必须让你的项目负责人既要担责任又要有权力。换而言之，如果你决定给一个小组分派任务，让他们筛选出百分百可循环使用的节日卡片，并在 12 月 15 日前寄给你的客户，那么这样做就会让事情更简单：给他们一个预算、一些设计参考和一个时间表，然后除了在规定时间内检查和复查，别的就全由他们自己掌握。丽思·卡尔顿酒店最出名的规定就是，让员工可以在遇到的每个事件上花费 2000 美元，以此解决一位客户的问题。你会发现，客服通常有责任解决问题，却没有实际权力去采取真正的行动。通过赋予员工预算及其使用权，酒店能够更快地解决问题，让顾客更为满意。

最终，当你能搞清楚为什么要这样做时，就会得到更好的成效。所以，你就会这么说："查理，我让你负责假日贺卡的项目，在我们谈具体事宜之前，我想和你稍稍说明一下这个项目的历史，以及这两年的发展，还有我们一直以来这样做事的缘由。这关系到我们真诚交流的价值观，所以，重要的是，不要让贺卡看上去像是流水线制造的。你也知道，我们公司还有一个理念就是'减用、重用、再利用'，所以我们希望确保贺卡是可循环使用的。"

记住，分享负担就是分享财富。

● ● ●　**小改变行动步骤**

有什么重复的任务是你今天就能委派掉的？如果真的有行动，那么给你额外加分。

● ● ●

25.

果断委派掉

你的任务

这里有几条委派任务的正当理由：

· 这些事你光是想想就很累。

· 让别人有机会来做事，让你自己得到解放，这会带来更多收入、更多快乐，或者两者兼收。

· 这个任务简单或重复。

· 这会帮助另一个人扩展技能。

· 这不属于你的天赋范畴。

快速写下以下问题的答案：

· 你愿意委派掉哪些任务？

· 如果你是因为钱才至今没把事情委托出去，那么就把请人的具体费用写下来。

· 写下你筹集到这些资金的三个方法。设想一下，如果你不用把时间花在那件事上，资金或许就来了。换言之，如果你不需要一周花一小时来编你的业务通讯，就能多出一小时来开展新业务。

· 如果你是因为自尊心或是认为没有人能做得比你好才没有委派工作，那么写下三个词来描述如果别人做得比你好时，你会有怎样的感受。

· 把任务委派出去对你意味着什么？

· 如果你仍在抵触委派工作，那么就想想：是谁告诉你这样做是错的？

· 你现在的感受让你注意到了什么？

● ● ●　小改变行动步骤

　　回答这些问题可能会触发你的下一步行动。所
以，做吧。

● ● ●

暂 停

另一个人

亲爱的"神":

我让自己陷入了困境。

我正在委派别人分担我的工作,这让我觉得自己失去了中心地位。我感觉很紧张。

我担心我会失败,我会搞砸这次机会。我害怕我可能会成功,我的生活会以我感觉不太舒服的方式而改变。我还很担心根本没什么改变。

"神"啊,我让自己可怜地活在想象中的未来。

我活在现实当下。

当我把手放在心上,让我感知到那柔软、安谧的平静就是你。让我确信我和你相连。

我会看见这个改变带来的乐趣、魅力和快乐。

我不会再有噩梦。

爱你的我

26.

你并没有在考虑

你以为你在考虑的事

在做决定的时候，我们可能都会认为逻辑是最好、最可靠的工具。但事实上，我们运用逻辑的次数要比我们以为的少得多。

我们日常的很多决定的确是在无意识的情况下做出的，由于本能、感知和环境的触发，一个靠"直觉"做出的决定往往就这样诞生了。比如，普林斯顿大学的一项研究表明，我们确定一个人是否值得信任只需要十分之一秒，然后就会找理据来支撑这个信念。

传统科学认为直觉只是一个噱头，并没有将它纳入科学范畴；与此同时，越来越多的证据表明，我们的直觉实际上是一种源自模式识别的无意识行为，速度极快，但它往往能比单纯的逻辑做出更好的决定。

"逻辑至上"这种说法的权威性正面临更大的挑战，因为有证据显示，我们的想法其实并不是真正经过思考得出的。最近发表在《行为与脑科学》期刊上的研究似乎表明，我们通常认为的"意识"或"想法"其实只是应激反应。当你看见一个事物时，一下子想到的，就是你对该事物的一贯想法。当你看见一个人时，一下子想到的，就是你对他的一贯想法。

我最近拜访了一间工作室，这间工作室的前台放着一碟糖果。虽然我并不是很爱吃甜食，但还是开心地拿了一颗。因为糖就在那里，那些小小的铝箔纸包裹的巧克力糖果就摆在那儿，我想都没想就吃了一颗。

康威尔大学食品与品牌实验室主任布莱恩·汪辛克在他的著作《通过设计瘦下来：每天无意识进食的解决之道》中说，把麦片盒放在厨房柜台上的人要比把麦片放进橱柜里的人重21磅。只要瞥一眼麦片盒，你还没判断自己是不是饿了，就已经倒满一碗了。就这样，你一天摄入的热量多了200卡路里，却不知道为什么穿不上你最爱的修身牛仔裤了。

而影响我们行为的不单单是麦片盒。在另一个著名实验中，研究人员在咖啡休息室里的冰箱上贴了一张人脸的照片，照片里的眼睛像是直盯着你看。于是，人们放进自助投币箱的钱比以往多了 1.76 倍。虽然没有人真的会盯着看你是否投币，但是照片上双眼的图像让人感觉就好像被监视了，所以和冰箱上贴着向日葵照片时相比，人们更愿意给钱。

这项研究还有一个很有趣的变体，我曾经看过一个视频（遗憾的是，我找不到这个视频了），在视频里，那些不知情的实验对象往咖啡室的自助投币箱里投了更多的钱，仅仅因为房间里的架子上放了一只椰子直对着他们，椰子上的三个凹口看起来像一张人脸一样。你没有搞错，人就是这么被一只椰子给欺负了。

一个理智的人从不会被一张小小的眼睛照片影响到行为，更不要说一只椰子了。但是我们的大脑太忙了，忙着要处理周围环境中数百万字节的信息，以至于我们的很多决定就这么发生了，和逻辑一点关系都没有。你至少可以看到一些看似自觉的念头（"我觉得我应该吃颗糖""我觉得我得吃些麦片"，或是"我觉得我应该为这杯咖啡付一美元"）是如何对环境做出了自动反应。

幸运的是，你永远可以利用这个力量。你可以把日常生活中的每一件事当作开始积极行动的机会。比如，每个早上，当我洗完澡擦干身体之后，会感谢身体的每一部分：

我感谢双脚，陪我走过这条路。我感谢双腿让我能站立。

我感谢臀部让我能摇摆，我感谢肚子有曲线，我感谢脏总是温柔跳动。

我感谢双臂能拥抱一切，我感谢双手能勤劳工作。

我注视着自己的脸，像一个可爱的小孩一样，'各种表情来说谢谢。

我会特别感谢每一个缺少的、破损的或是被忽略的部分。

● ● ●　**小改变行动步骤**

你觉得自己有什么行为受到了环境的影响？有

意识地做个决定，今天就去改变它。

● ● ●

27.

用新想法

替代旧声音

我们每天大概都会产生六万到七万个想法，这些想法大多数都和昨天的想法一样。而且，通常大多数想法似乎都是负面的、带有批判性的，这也就是为什么刻意为了乐观和幸福而行动会显得有些怪。（顺带说一句，没有人能确切知道我们每天有几个想法，但是南加利福尼亚大学脑神经造影研究室的工作人员们为这个非科学研究领域的问题提供了可能的答案。）

所以，我们怎样才能萌生新的想法？

我们先来看一下，怎样分辨新想法和旧声音。

旧声音的特点：

· 听上去像是一个家长，或是其他家人，或是一个老师说的话。

· 带有这样的字眼：“我总在想……”比如“我想做个黏土动画电影，但我总在想‘已经有人做这事了，所以也用不着我做了’”；又或是“我想卖了我的珠宝，但我总在想‘那太麻烦了’，所以我就不做了”。

· 让你感到渺小、悲伤、局促和停滞不前。

· 听上去只是寻常的点子。寻常的点子只能让寻常的人做寻常的事，当它影响到你的新想法时，那就不再是新想法了。

相反，一个新想法会是这样的：

· “哦！”（我超级爱听人们有了发现时欢呼出的“哦”，那真是让人心满意足。）

- "我以前从没想到"，或是"我从没这样想过"。

- "我在想可不可能……"

- "或许我可以……"

- 格局开阔，有趣迷人。

- 提供了机会和希望。

- 能让你发笑，让你哭泣，或是触发其他不寻常又难以解释的行为。

劳烦你把旧想法当作累赘抛弃掉，开始酝酿新的想法。

你所拥有的新想法会带领你通往其他地方，所以，无论新想法有多么的不切实际或者不可能，都不要不假思索地拒绝。用你的直觉来找到新想法，然后用你巨大且性感的大脑去测试、检验它。运用你超凡、犀利的思辨力去反思让你停滞的、习以为常的想法。运用你的天马行空来调动你长期被忽视的、更深层的智慧。激活你的想象、感知和直觉，再加上优秀的、经受过检验的认知，就能达到最好的结果。

寻常的点子只能让寻常的人做寻常的事。

此外，如果你身边正好有人对"直觉""内心智慧"等词嗤之以鼻，那么你可以使用"预感""推测"之类的说法。就像这样说："我怎么会想到今天去回访那个已经拒绝过我们三次的客户呢？而且最终竟然谈成了一笔大业务！这就是运气，我预感到的！"

用你的直觉来找到你的新想法，
然后用你巨大且性感的大脑去测试、检验它。

●●● **小改变行动步骤**

把手放在肚子上，深呼吸，问自己："我的内心智慧想让我现在了解些什么？"你或许可以明确一个显而易见的欲望——要吃一个炙烤芝士三明治。又或许能想到一个关于生活的全新方向。

●●●

28.

听从内心,

追随直觉

有人说直觉是一种本能的感觉,有人通过身上的鸡皮疙瘩来感知到它,有人描述那是视觉上的变化——视线渐渐聚焦在某些事物上,或是某些东西的颜色好像变得更明亮了。还有些人在听见内心微小而坚定的声音时,会突然觉得热或冷。而我的直觉就像"轰"的一声巨响,认知随之一下子膨胀了起来,曾经遗忘了的事情仿佛都记起来了。

有时候,人们很难记得直觉或内心智慧发挥的作用——毕竟,那是一个隐秘的过程。所以,让我来给你讲两个故事,它们可能会帮你记起你只靠直觉得到收获的时刻。

我的直觉就像是认知一下子膨胀了起来，曾经遗忘了的事情仿佛都记起来了。

我在西北大学读本科时，和人合租公寓。那座公寓就像芝加哥地区的众多公寓一样，一间客厅连着一条长走廊，走廊两边是卧室，尽头是厨房。冬日里的一天，我走进公寓，顺着走廊朝厨房望去，有一位我从来没见过的女士正侧坐在那里。她是我一个室友的同学，两人关系很好，所以她是过来一起学习讨论的。我完全不认识她，但是我记得当时想的是："你在这儿啊。"我感觉身体里叮当作响，好像回到了家似的，心里似乎在说："看，你在这儿。我一直在等你，我的朋友。而我甚至都不知道我等的就是你。"她的名字叫玛格丽特，我们至今还亲如姐妹。同样的感觉我只有过两次，而那两次遇见的人都给我的生活带来了很大的影响。或许你也有过相似的经历？

1994 年，我刚从芝加哥搬到洛杉矶，一些朋友邀请我一起去教堂做礼拜。作为小镇的新居民，我回答说："当然，为什么不呢？"教堂就是这样的场所，开明、开放，让人感到坚定和友爱。多年来，那个教堂对我来说就像家一样。那里真是情意绵绵，他们安排了"拥抱时光"（有些教会叫"交流时间"或"平和时光"），因为人都是渴望交流的。当然，除了我的朋友，我谁都不认识，但身边的人仍会和我热情地打招呼，然后亲切地交谈。当时，我身边的两名女士正在聊天，我能听到其中一位在向另一位讲述关于卡平特里亚的事情。

那种与众不同的声音再次回响在我的身体里，一个念头闪现出来："那是属于我的地方。"我之前从没听说过卡平特里亚这个地方，也不知道它在哪里，但在那一刻，我知道它是属于我的。我把这个名字记在了脑海里。几年后，我终于第一次来到了卡平特里亚，我和丈夫驾车沿着公路行驶，直到路的尽头。我们把车停在海边。好吧，对住在洛杉矶的人而言，在海边可以免费停车真是闻所未闻。我们下了车，在沙滩上散步。就在这时，一群海豚游过，我丈夫说："看，那就是你的欢迎委员会成员。"是的，就是这样。我感觉自己就像是回到了家。

这些年来，但凡我需要休息、吃午饭，或是度过一个悠长的周末时，我都会到卡平特里亚来。虽然我很爱这个地方，但是全天候住在那里似乎是不可能的。之后，在2012年初，我的生活发生了改变。一切都崩溃了。我的生活、我的婚姻甚至我的事业，从某种意义上说……好吧，都碎成了碎片。生活有时就是这样。我在沙发上哭了六个星期，当你的生活崩塌时，你也会这样做的。然后，我突然有了一个小小的、细微的、隐约的想法："或许……我可以去卡平特里亚。"

我告诉所有人我要靠写作治愈自己。我租了一间短租房，就在几个星期内，我完成了我的第一本出版著作的写作计划。我能感觉到自己的灵魂开始康复了。然后，我又续租了一段时间，再接着，我找了一处长租的地方，整理打包，搬了过来。这是我至今做过的最好的决定。我非常喜欢这个地方，因为每当我望向窗外，或是走在沙滩上，或是意识到自己正住在这里时，我就觉得神魂颠倒。

在另一条有趣的平行线上，在有史以来最富有爱意和关怀的离婚之后，我的前夫搬进了森林里的一间小屋——他的梦想成真了。我们还保持着朋友关系，还时常觉得我们分开只是为了寻找各自的家，这真是既有趣，又伤感。

我的卡平特里亚故事上演了近 20 年，而且还有其他的直觉时刻接连发生。你呢？回溯一下你的生活。好好想一下你真正感知到的那一刻，深切地感知，那是什么样的？是怎样的感觉？

花上足够的时间，你的直觉或许就会带你回家。

● ● ● **小改变行动步骤**

你在什么时候听从了心里轻微的声音，并因此

受益？今天就来聊聊那个故事吧。

● ● ●

29.

培养直觉的

十个方法

在发展或者相信直觉这点上，我们并没有学过太多。但就像肌肉一样，锻炼得越多就越强壮。所以，这里有十个有趣、简单的方法可以帮助你培养直觉。

1. 打乱你的行程。做些不一样的事，任何事都行。用不一样的方式工作，走街道的另一边，做一个新型的三明治。这会让你保持警醒，而当直觉在拉你的袖子时，你也能注意到。

2. 在餐厅，点你在菜单上第一眼看到的东西。别的不说，相比醉心于研究金枪鱼色拉和科布色拉的热量差异，把更多的时间花在聊天上一定会让你更开心。

3. 挑绕远的路回家。随着心意开车，或是去街道的另一边走路，故意让自己迷路，看看你能走到哪里。

4. 在床头放本笔记本，记下你梦里的画面。我从不担心记不住情节——梦的逻辑太混乱，不容易记得——但我通常能记起一些画面，它们都很有启发性。

5. 尝试一下无意识写作。如果你很享受让灵感指引你的写作，那就这么去做吧。如果没有灵感，那就试着写得比想得快。

6. 左右手练习。用你的惯用手写下一个你很想知道答案的问题，然后用另一只手写下答案。(是的，非惯用手写出的字迹就好像是幼儿园小朋友写出来的。但不要担心。) 继续这样的问答，直到你感觉满意为止。

7. 和动物交谈。安静下来，想象和生活中遇到的动物交流。

8. 每天和新的人接触。如果你觉得一些陌生人很吸引你，那就试着去接触他们。在杂货店和加油站，要和人有眼神交流。注意自己第一眼看到他们时的想法。（换言之，当你真的注视某人时，你可能会冒出一点想法："她看上去很寂寞"，或是"他狂野得像个孩子"。就让那个印象发酵吧。）

9. 如实回答这个问题："你好吗？"当被问到这样的问题时，花一秒钟想一下，然后给出真实的答案。注意：这可能会引出一段真正的对话。

10. 遵循"那会让我感觉有多蠢"的原则。这个原则很有效，比如，当我把车停在停车场，把装着电脑的手提包放到前座时，我想到："哦，我不一定要把这包放在后备箱里；我确定不会有问题。"接着我又想："好吧，我确定不会有问题，但是如果我回来时发现包不见了，那会让我感觉有多蠢？"这样我就会感到特别的蠢，尤其是和自己这么谈过之后。每天都这样练习一下，关心自己小小的忐忑和疑惑。

● ● ● **小改变行动步骤**

从以上的直觉培养清单中选出一项，从今天开始做起。

● ● ●

30.

直觉

杀手

在培养内心直觉的同时，也有几个方法会轻易地压制你的直觉。这里罗列了六个"直觉杀手"：

1. 一定要正确。你的所有决定一定要聪明、要符合程序、要有逻辑，这会让你忽视了灵魂深处细微的声音，然后干出愚蠢的事，比如嫁给一个"条件似乎很不错"的人，或者只是为了赚钱而工作。

2. 打出"我不知道"这张安全牌。有时你嘴上说着"我不知道"，实际上你明明知道，只是不喜欢罢了。有时候，你为了避免做出决定，而让自己处于迷糊的状态。如果这是你的习惯，那就试着用人生导师的格言激励自己："如果我的确知道答案，那就会……"

3.疲劳和缺水。就像我们之前说过的，身体疲倦经常会直接导致大脑功能异常，会扭曲内心传达给你的信号。

4.抑郁。当身陷无望、悲伤和不停的自责时，你很难听到内心深处沉着、理性的声音，更难以相信这种声音。

5.做决定时犹豫不决。当你怀疑自己时，你就会变得迷茫，变得不自信。

6.模式化。按部就班地生活会让你陷入停滞，昏昏欲睡。

● ● ● 小改变行动步骤

再列举两个"直觉杀手"。然后列举四个可以对抗麻木的方法。以下是我的一些方法：播放传声头像乐队、埃尔维斯·科斯特洛或是巴迪·霍利的音乐；出声朗读一个故事，最好读给一个孩子听；尽可能快地跑过一个街区；朝海里扔石子；小睡；和一个聪明的朋友见面，即兴喝一杯鸡尾酒；在一张纸上画一个小圆圈，然后绕着小圆圈画一个特别大的圆圈，提醒自己小圆圈代表着"我觉得我知道的"，大圆圈代表着"我不知道的"。

● ● ●

31.

让真正重要的事

来引导你的生活

　　每当你要做决定时，你总是瞻前顾后，试图平衡每一件事。赞成的理由和反对的理由不停地在你脑海中盘旋，让你感觉比实际的问题还要困惑。其实，并不是每件事对你来说都同等重要。

　　当要决定是否去夏威夷度假时，你的想法就会像旋转餐盘一样在脑子里打转："飞行时间太长了……机票还很贵……但是那儿很浪漫……我很想和野生海豚一起游泳……而且冲浪会很好玩……但是我不确定我们要待在哪儿……飞行时间太长了……"现在你明白我说的"像旋转餐盘一样打转"的意思了吗?

以下的训练能用一种轻松的方式帮助你把内心直觉、个人喜好和逻辑融合在一起。具体步骤如下:

1.陈述要做的决定。陈述,而非提问。

2.写出赞成的理由和反对的理由。

3.根据重要程度,用 1 到 10 标注每一项理由。

所以,虽然"长途飞行"是个合理的理由,但想得深入些,你会意识到,你其实并不在意飞行时间,所以那一项只计 3 分,而"和野生海豚一起游泳"会让你兴奋至极,所以要打 10 分。要知道,这个过程必须刻意地主观一些。你的伴侣讨厌飞行、不喜欢游泳,所以,他(她)或许会给"长途飞行"8 分,给海豚 2 分。只有数字能帮你做决定,当然,或许你想根据自己的想法、感知和假设再多斟酌一下。注意,我们只考虑当下这个个案中对你而言重要的事。

你也可以把赞成理由和反对理由都列出数字,然后统计看看哪一方胜出。

　　我曾经和一位名叫泰勒的客户做过这样的练习。她在一家著名的广告公司工作，然而，当时她却在认真地考虑是否要辞职，自己创业做室内设计。好吧，以我的经验，如果有人大声问出"我应该辞职吗"，或者"我应该结束这段感情吗"，那么说明他们已经开始这么做了。他们通常已经积累了大量证据来支持自己的选择，缺少的就是一个合适的机会。当然，并非每个人都是如此，但这种情况比较普遍。你是怎样的呢？

　　我提醒泰勒，我们应该先把手头的问题列出来，即便其中会有争议。所以她陈述道："我应该继续做现在的工作。"赞成栏写着"继续做现在工作的理由"，反对栏写着"不再做现在工作的理由"。

　　应继续做现在的工作的理由：

　　辞职很麻烦；

　　我现在的工作做得很好，所以我感到很自信；

　　我或许可以升职（或许吧——三个月内就能确定）；

　　大多数同事我都喜欢；

　　留下比找新的工作更轻松。

不再做现在的工作的理由：

我感到厌烦了；

我的老板粗鲁、易怒，并且不支持我；

我真的有做些其他事的远大理想；

上下班路程太远；

我不喜欢现在做的事——这份工作毫无意义。

下一步，泰勒顺着两栏，靠本能快速判断，用 1 ～ 10 给每一项打分，以此来表示重要程度。

赞成继续做现在的工作的理由：

辞职很麻烦——3；

我现在的工作做得很好，所以我感到很自信——5；

我或许可以升职（或许三个月内就能确定）——7；

大多数同事我都喜欢——9；

感觉留下比找新的工作更轻松——3。

反对继续做现在的工作的理由：

我感到厌烦了——10；

我的老板粗鲁、易怒并且不支持我——4；

我真的有做些其他事的远大理想——10；

上下班路程太远——5；

我不喜欢现在做的事——这份工作毫无意义——3。

然后，泰勒把分数相加。赞成的理由总计27分，其中大部分的分数都归功于她很喜欢她的同事。反对的理由总计32分。14天后，她递交了辞呈。后来，她还长期坚持每月和老同事相约一起吃午饭，这样他们就能一直保持联系。而且，这种联系也为她的新事业提供了重要的资源和帮助。

这些分数不一定能帮助你做出最终的决定，但是在这个过程中，你会运用自己的价值观来做出选择，使你的生活和价值观相呼应。当你言行一致时，你的生活就完整了。

我发现，当决策中需要考虑到钱的因素时，上述策略往往特别有效。钱很容易成为你的关注重点。你心里可能会想：

"哦，去参加我外甥的毕业典礼需要 500 美元，太费钱了。"
但是当你用 500 美元和所有好处做比较，例如和家人拥有共
同回忆、品尝美味的家乡菜，你会发现钱并不重要。一切都
不是问题。要做选择的是你，你不必考虑别人的想法。如果
有些大忙人质疑你的决定，你可以这么说："我仔细衡量了自
己所有的选择，也倾听了内心的声音。"只有守财奴才会质疑
这点。你理应让真正重要的事来引导你的生活。

● ● ●　**小改变行动步骤**

　　无论是现实的问题还是理论上的问题，试着用

一下这个方法，就当是做一个实验。

　　　　　　　　　　　　　　　　● ● ●

32.

成年人的

欢乐时光

　　据我所知，不论是否和他人保持着情感关系，身边超过 43 岁的人都很少有性生活了。即便有性生活，也是雷同和无聊的，还总会被煞风景的事物打断。希望你是个例外，但如果你不是，我或许能给你一个解决方案。

　　2015 年的一项调查表明，最幸福的夫妇通常一周有一次性生活。这项调查持续了 40 多年，调查对象涵盖了三万多名美国人。这项调查还说，不能确定到底是更幸福的人通常一周有一次性生活，还是保证一周一次性生活能让人更幸福。总之，这种状态是最好的。

　　因为我知道有很多人不能或者不喜欢性生活，而很多人则没有对象，所以我想提个建议：把每周的性生活用成人的赤膊欢乐时光来代替吧。

　　成人赤膊欢乐时光是对身体的毫无压力的探索，不管你是否有伴侣都可以进行。你应该开始重新认识自己的肌肤，去体验生理的快感了。你可以利用这段时间给双脚磨个皮，舒展身体，发现身上新的敏感点。我觉得按照二二拍或四一拍的节奏来抚摸皮肤是最舒服的，或者再慢一倍。现在就按这个速度来吧，随你的心情哼唱出声音。

　　科学已经证明，舒缓的触摸能令人愉悦。在 2013 年的一项调查中，英国研究员发现缓慢的抚摸可以提高人脑的创造力，让人感觉身体健康。

　　伴侣可以利用成人赤膊欢乐时光来依偎、交谈、互相按摩、感知彼此、爱抚，甚至有心情了就做爱。但是不应该对做爱或者达到性高潮感到有压力或有期盼。这段时间是用来亲密、接纳和探索的。它应该是快乐、沉着且鼓舞人心的。它不一定要色情，而是为了让成年人共同成长。我记得我的朋友安妮全天候带宝宝时说，当一天结束，她感觉全身都盖满了黏乎乎的指印。"我甚至都感觉不到自己的身体,"她回忆道,"那时的我觉得自己一点都不性感,也不喜欢做爱。"成人赤膊欢乐时光为像安妮这样压力过大的父母提供了一个重启键,让他们能够重新获得成人的身体和成人的激情。

我和一位好朋友开设了远程课程。她叫艾米·乔·戈达德,是一位出色的性专家。她写了一本书,名叫《魅力女人:九大要素唤醒你的情色能量、个人能力和性智慧》,书中讨论了创造能量和性能量之间的关系。在电话互动节目中,当被问到"怎样才能重燃自己的魅力"时,艾米推荐了以下练习:

深呼吸,吐故纳新,把双手温柔地搭在头顶,然后慢慢地从头顶沿着耳朵、脖颈、双肩往下摩挲。双手返回头顶,往下交叉划过面部。让双手缓慢地沿着双臂下滑,然后再到躯干、双腿、双脚。

艾米通过电话指导每个人做了简单练习,而电话另一头的人对立竿见影的效果感到既惊讶又高兴。知道如此简单(只要通过自己的双手感知自己的身体)就能感觉健康又快乐,那可真是太好了。你可以在我的网站上找到这段采访录音。

成人赤膊欢乐时光也可以在水里——盛满热水的浴缸尤

其赞——或是在室外进行。还可以在酒店进行，如果那符合你的格调，而且你也承担得起的话。如果由我来定规矩，我会说不要电视，不要视频，因为我觉得这事关人和人之间的接触，但你要选择对你有效的方式。微弱的光亮能缓解压力，烛光可以让房间显得特别，但更多人喜欢充足的照明。如果觉得选择困难的话，就选一个能让你感觉舒服的。

如果你担心不知道该怎样开口提议做这件事，那么试着这样说："亲爱的，我爱你，我希望确保我们之间联系紧密。我在考虑计划一个每周的'成人赤膊欢乐时光'约会。在每个星期三的晚上，我们可以一丝不挂地躺半个小时，看看会发生什么。你觉得怎么样？"一旦你真的一丝不挂了，你或许会说："我现在感觉有点害臊，还觉得有点蠢，但是我想在交流中勇敢些，所以我可不可以请你用指尖轻轻滑过我的背？"提些美好的建议。或许你可以发明一个游戏，每个人可以提三个要求，然后给对方三次赞美。试一下，不要卡在一个地方。

无论你是一个人还是有伴侣，都可以用下面的词来激发新的活动：击鼓、倒数、"我没有碰你"、指尖、画画、笔刷、羽毛、"你推我拉"、平衡的艺术、不寻常的口音，还有总是很奏效的"好，那就……"列一张单子，挑战尝试新的事物。

"成人赤膊欢乐时光"经常会变成"成人小睡欢乐时光"，我举双手赞成这个活动。我坚信，如果我们经常小憩一下，这个世界一定会更好。

● ● ●　**小改变行动步骤**

闭上双眼，温柔地用双手在你的头、脸、脖颈和双肩上抚摸。可以按你的意愿重复。

● ● ●

33.

再也没有比你

更完美的了

你无法毁掉自己的生活，你的生活不会变糟，而你也不会让生活出差错。没有"错误的选择""错过的机会"，或是"原本那样做就会完全不一样"的说法。即使你做了让自己后悔的决定，或是你的决定导致了不好的结果，那都不是你的错。

我知道这听上去很激进，但这是实话。

我们总是以为原本会有更好的决定或是更糟的决定，但其实并没有。有的只是你做的决定。你是唯一能主导自己生活的那个人，你的生命也只有这一次。没有别的选择。当选择只有一次的时候，就没有更好或更糟的说法了。

你无法毁掉自己的生活。

如果有另外一个升级版的你，做了不同的决定，比你更健康、更富有或更成功，那我们会说，你把自己搞糟了，但是并没有这样的人。世上只有一个你，在当时以眼前拥有的资源做了最好的决定。每个人都是如此。

所以，当你意识到自己做的每个决定都是正确的时候，你会想些什么呢？因为发生的就只有这件事，所以你经历的每件事都是无可厚非的，不是吗？

有人出于好意，经常试图用这样的话来安慰别人："凡事都有原因。"但我不确定这是不是真的。我知道的是，任何事发生了，就是发生了。而我们能决定发生的原因是什么，我们能决定自己生活的意义，我们可以想怎么讲故事就怎么讲故事。

所以，你可以说自己受了委屈，也可以说这是为了酝酿一个更好的结果；你可以说你是受害者，也可以说你对自己所有的反应和结果负责。你会在"做自己"这门学科上获得博士学位。你还在学习，会有好老师告诉你，我们活着就是为了学习。我们活着是为了修心。

"哪怕遇到糟糕的事也要这样想吗？"我能听到你的疑惑，"难道失去了我所爱的人是好事？或是我的兄弟日渐虚弱、长期生病，这是好事？"我不是说那些事是好事，我指的是，那些事已经发生了，而你可以选择如何看待它们。老天对每个人的哭泣都漠不关心，而每个人都会心碎。

我们都在挣扎，每个人的痛苦都一样多，每个人的生活都和你一样难。一些人甚至会遇到更戏剧化的事情，或者在外人看来更轻松或更艰难的事情，但痛苦就是痛苦，每个人痛苦的份额都是一样的。

幸运的是，我们也都有与痛苦等量的快乐。不是每个人都能利用好它，当然，快乐总在那儿，等着你。

● ● ●　**小改变行动步骤**

　　你可能对以前做的一个糟糕的决定念念不忘，希望自己能够做得更好。试着用 5 分钟给自己写一首诗，讲述失落或失望的情绪，看看能否从中找到些闪光之处。

● ● ●

暂 停

沙漠

亲爱的"神"：

我真的觉得我知道自己在做什么。

显然，我想错了。

我很确信我做的都是对的……我是说，其他人好像也觉得这是对的。他们都鼓励地点头、微笑。或者说，只是我觉得他们是这样的。

但是我的信念之路直接引领我到了沙漠。

在这里，我……又热又烦躁。我迷失了自我。

我甚至不能分辨方向。

甚至就连我的信念之路也被流沙抹去了。

所以，我们就在这儿。

没有成功和认可，我是如此绝望，我能感知的就只有你。

我只能静静地坐着，在我所有挫折、失败和崩溃的失望中感知你慈爱的存在。

我想象你轻声向我讲述我真正的自己：你是最受呵护的

孩子，受"神"的宠爱。

我为自己叹息。

就一个人，单独一个人又不是一个人。

我现在要休息一下，怀着感恩之心。我现在就要滋养自己，怀着感恩之心。

我会在砂砾中玩耍，抬头看蓝天白云，感知太阳与风，怀着感恩之心。

而当你我都有了感动，我就会起身行走。

或者我们会等着，让世界来找我们。

我们等着。

爱你的我

34.

发生的一切

都不是坏事

路上很拥堵，你起步得稍慢些，后面就有人莫名其妙地按喇叭。你开始有点暴躁了。你知道这是怎么回事吗？

又或者，你费力挤进飞机座椅里（因为我有差不多 6 英尺高，所以总是需要挤进去），你的邻座说话声音很大，这时你意识到把小说落在家里了，所以，在五个小时的飞行期间，你没有任何东西打发时间……你感到身上郁积的压力了吗？

当内心的平静抛弃了我，幽默感也荡然无存的时候，我就会感到皮质醇在身体里翻腾，然而，有句话对我很奏效：

"发生的一切都不是坏事。"

然后我试着呼气。

"发生的一切都不是坏事。"

这短短的一句话能让人一下子认清现状。毕竟，环境可能不舒服，甚至让人不开心，但那并不意味着就是坏事。

事实上，这可能会让我有机会注意到身边的人，或许能和乘务员开个玩笑，或是在交通大堵塞时对堵在另一条车道上的司机报以微笑。

我脑中经常出现的声音——"不该是这样的！"或许也该转成柔美的声音——"一切都还没定呢，走着瞧吧。"

发生的一切都不是坏事。

这个想法伴我走过了离婚、手术以及好多次严重的财务危机。结果证明，这个想法是正确的。

请不要误解，我不是说你应该无视生气、危险、失望或悲伤。出现这些情绪意味着哪里出错了，而它们需要用安全的方式表达出来，并且引起你的反思。

你知道，我觉得处理这些强烈情绪最好的方法就是把它们转化成"五分钟艺术创作"。快速画一张主题为"什么都对我没效果"的画，这可能会让痛苦的念头得以改善。

给你讲一个故事，它会让你更明白些。几年前，我接到我的医生打来的电话，他们说我近期拍的乳房 X 线照片结果不是很好，希望我去复查。"当然。"我说。我心里想的是："我会去的，但是发生的不是坏事。"所以我做了预约，然后熬过了第二次放射检查（如果你没试过，就想象一个巨大、冰冷的机器在冷冰冰地用力拧你的乳头——这真的不好笑）。接着，技师露出担忧的神情。她说："在这儿等一会儿。""好吧，"我心想，"但是，发生的不是坏事。"所以我照她说的做了，接着在另一间屋子里又等了一会儿，因为他们觉得我还需要做个超声波检查。

直到做超声波的时候，我的想法仍然轻松得可怕："即使有点问题，也依然不是什么坏事。我会得到诊断，然后治愈它。这就是生活的本质:解决问题。或者我可能会死，而这样一来，我就不用费心解决这个问题了。"我有点被如此冷静的自己吓到了。在检查室又度过了一段漫长而忧心的时间，他们终于和我说，放射科医生想要见我。

我在走廊等了一会儿，终于有一位看上去很忙的医生从办公室探出头来，指着我问:"你是本尼特？"我点点头。"你没事，你可以走了。"

我是对的：发生的一切都不是坏事。

我知道有些人总是会马上就担心，有些人会在预约检查前两周不断地猜想结果，有些人会因为在医院度过漫长的下午而心绪不宁，无法平静。我十分满意自己能如此淡定。

此外，我曾经和朋友一起在一个项目上投资了很多钱。我们都为项目的未来而感到兴奋。而当朋友中途退出这个项目时，你能想象我有多失望吗？我的低等自我想要发脾气——为什么我被占便宜、被剥削？但是我的更高等的自我说："发生的一切都不是坏事。"

我忍住了脾气，开始检讨自己在这段合作关系中犯的错误：我没有坚持签订一个清晰的协议，还忽视了好几个明显的信号，而那些信号都表明她对这个项目的信心正在动摇。我应该负的责任和她一样多，因此，我认识到这些钱并没有损失掉，而是对我再教育的投资。一两年后，这位朋友介绍了一个机会给我，而我能从中赚到的利润是当年损失的五倍。我很高兴自己没有毁掉友谊之桥，也很高兴我能够直面自己不太好的一面，由此成为一名更好的商业人士。

● ● ●　**小改变行动步骤**

　　每天的烦恼、小脾气、自以为是以及敏感——
这些都是在告诉你："发生的不是坏事。"然后你就会
意识到，当事情没有按照你选择的方式发展时，它们
依然可能变得更好。

● ● ●

35.

_____

想象不远的将来

_____

的那个自己

_____

想象一下在不远的将来，那个稍有成就的你。注意那个你的举止、穿着、心情。下一次，当你不确定要干什么时，问问自己："未来的我会怎么解决这个问题？"这个简单的策略效果不错，能帮助你减肥，挣更多钱，抛弃坏习惯，开进快车道——如果快车道更堵的话，那就开进慢车道。

还有个工具能帮助你：往前走两步，再退后，按照之前我们提到的冥想方式进行放松。感知你的中心，感知你的内核。呼吸。吸气——二、三、四;屏气——二、三、四、五、六、七;吐气——二、三、四、五、六、七、八。

未来的我会怎么解决这个问题？

让你的脑海里浮现出不远将来的自己。或许只是匆匆一瞥。注意，我说的是"不远"的将来，也就是未来一两年的事。想象那是一个很高兴的你，一个很成功的你。这并不是说一切都会完全不同，但对你而言，这是一个更好的未来。

试着在脑海里播放一个小幻灯片，或是小电影，描述不远将来的你。在播放的时候，注意你是不是稍稍开心了些，稍稍投入了些，稍稍有创造力了些，稍稍富足了些——并且回答以下问题。

1. 在不远的将来，你看上去是什么样的？

2. 你脸上带着什么样的表情？

3. 在不远的将来，你的穿着如何？

4. 那个你的言行举止是怎样的？

5. 那个你是如何与世界交流的？

6. 那个你是怎样开始一天的生活的？

7. 那个你每天做的第一件事是什么？

8. 那个你的生活和你现在的一样吗？

9. 那样的生活和现在有什么不同？

10. 在不远的将来，你的生活是否有了自己的主旋律？

从现在起，每当需要做决定时，你可以问问自己："不远将来的我会怎么做？"那个你会怎样处理这个局面？那个你遇到今天这样的场面会怎样穿着打扮？会怎样说话？那个你会吃什么？那个你会因为什么而感到压力过大，又会因为什么而放下压力？那个你的专注点在哪里？

这就是深刻而持久地改变生活的方法：让不远将来的那个更好的自己来替你做决定。

小改变，大不同。

● ● ●　**小改变行动步骤**

不远将来的那个你会想让今天的你做些什么？

或者会想让此刻的你做些什么？把它写下来。

● ● ●

36.

你真的已经

准备好了

每当看到人们因为"还没准备好"而拒绝了一个机会时，我都会感到很难过。

好吧，或许他们只是找了一个看似和善、不伤人的方式来说"不"。但这不是一个好回答。爽快、明确、有力地说"不"，和肯定地回答"是"一样好，因为这意味着你有勇气做决定，也愿意承担后果。

不，我不想现在扩展我的生意。

不，我不想买下那间工作室。

不，我不想演奏乐曲、在艺术秀上演出，或是发表作品。

不，我不想申请晋升。

如果你说出"不"的时候，声音清晰、有力，而且感觉这个决定不错，那就太棒了。祝你一帆风顺。著名的世界富豪沃伦·巴菲特曾说："成功的人和真正成功的人之间的区别是，后者几乎对所有的事都说'不'。"我已经在努力对更多的事说"不"，这样我就可以对那些说"是"的事情上投入更多精力。懂得拒绝是一种高尚的行为。

令我担心的是"是，但是"这种说法——有些人说他们想做些事，但是紧接着就用同一张嘴拒绝了这个机会。"我很想学探戈，但是我根本不可能去上课。"这就好像一个饥饿的人找到了一盘食物，然后就抽回了手，想象饥饿感或许会消失，或者之后会有更合适的时机吃东西。

你的渴望就是你的饥饿感。而正如饥饿感会向你发出警报，让你想办法活下去一样，渴望也会提醒你迈向更好的生活。渴望就是你知道自己要去哪儿。渴望就是一张请柬，带你前往属于自己的派对；渴望是火焰，充满神圣的能量，给予你前进的勇气。

这听起来是否像是我想让你变成一个强大的、自我沉醉的本我，只受"我想要"的自私念头控制？好吧，我是有点这个意思。因为，根据我的经验，这类书的很多读者——顺便说一句，就是你——已经习惯于把其他事情排在前面，几乎忘了怎样问出这个问题："我自己想要什么？"你的脑子里有各种乱糟糟的声音，让你做出每个决定都异常艰难。你总是考虑别人会怎么想，考虑不同的选择可能会造成怎样的影响，还想着是否真能接受自己做某些事。这样一来，你那毫无活力且微小的声音就会被彻底淹没。你的生活最终会变成这个样子：好一些的情况是无聊透顶，更糟糕的是变成行尸走肉。

渴望就是一张请柬，

带你前往属于自己的派对。

当人们内心想要某物但又不愿承认时，最常见的有以下三种借口：

1.我没有钱。

2.我没有时间。

3.我没有做好准备。

我注意到，大多数人都觉得时间和金钱对他们而言是最重要的。你或许已经发现了，那些总是声称自己没钱的人，通常就是最早排队去购买最新且昂贵的电子产品的人；而那些总是声称自己没有时间的人，往往会在有课的晚上，开单程就需要三小时的车去看最喜欢的乐队的演唱会。好吧，我完全支持买新的电子产品和看最喜欢的乐队演出，但是他们是怎么攒下那笔钱的？是怎么挤出时间的？他们之所以能有钱或时间，是因为他们对想要拥有或想去做的渴望已经远超其他因素的考量。你或许有过这样的经历：你很清楚自己想要做某事、想去某地，或是想买某物，然后做那件事的方法和渠道就一下子出现了，好像有魔法一样。虽然这可能和魔法有点关系，但我觉得，更多的还是因为你的渴望让大脑变得更清醒。

你的大脑最擅长的一件事就是发现它要寻找的事物。无论你现在身在何处，如果我让你立即去找一个比面包盒小一些的东西，你就会自动开始做这件事。事实上，你今天之后都会持续做这件事。这就是为什么肯定的暗示会给人提供积极的帮助。当你重复说"我是个幸运的人"或"我有爱的人，也被人爱着"时，你的大脑就会开始搜寻和发现支持这个想法的证据。而当你产生"我想去巴黎，但是我没钱去"之类的想法时，你的大脑也会持续为此找证据。

所以，开始关注你的渴望。每天问自己几次："我现在想要什么？"如果你觉得这个问题很难，就试着这样问："现在我怎样才能让自己更像自己？"看看你是不是给不了自己想要的。

现在我怎样才能让自己更像自己？

回到做准备这件事上。如果你注意到了一个机会，很可能是因为你的渴望在推着你去注意它。这意味着你至少开始考虑各种可能性了。

现在你或许在想："好的，我愿意承认我想要某样东西，但是我不知道怎么得到它。"亲爱的，你当然不知道怎么做，因为你之前从没做过，怎么可能知道呢？考虑怎么做才是有趣的那部分。

你或许一直相信，聪明的人总是会提前规划好每一件事。

但是生活不是这样的，创造力也并非这样发挥作用。恋爱、为人父母、写作、骑越野自行车——生活中的这些趣事，大多是你一开始并不知道怎么去做的。但是，如果你始终保持好奇、开放的心态，你瞧！方法就会显现出来。

但是，只有在你下定决心之后，方法才会变得清晰。我希望还有别的办法，但是可惜没有。当你做了决定，然后——也只有在此之后——前路才会出现。如果你任由恐惧、困惑和猜测在脑中盘旋，让它们模糊了你的渴望，那么对你而言，"怎样能做到"就永远是个谜了。总之，你有一个自我固化的机制。你的渴望要么让你始终不懈地努力，探索未知的前路；要么令你总是自我怀疑，关闭求知的大门。

当你做了决定，然后——
也只有在此之后——前路才会出现。

● ● ●　**小改变行动步骤**

　　你是否曾有过这样的时刻，无论如何都很想要一个好像不可能得到的东西，然后你就找到了方法，并且实现了愿望？你今天能再试一下吗？

● ● ●

37.

设定好的、更好的

和最好的目标

如果你总是苛求自己，觉得自己做的还不够好，那么可能就会因此伤害到自己。即使你明白有些事应该受到表扬，也会莫名地觉得不值一提。你从法学院毕业了，但不是班里的第一名。你升职了，但是如果能提前六个月就更好了。你卖出了五千美元的产品，又觉得如果能卖到一万就好了。如果你总是习惯于设定好的、更好的、最好的目标，那么你现在应该停止不断地改变你的终点。

比方说，你想开设一个工作坊。你可以设定一个"好的"目标，就是至少要签下几个人——比如说 7 个人；"更好的"

目标可以设定为 10 个人；而"最好的"目标，也就是能让你高兴地说"我请客"的目标，14 个人。这个方法既实际，又能让你雄心勃勃；既能让你在招募的人数低于 7 人的时候采取补救措施，又能让你在招募了超过 10 人的时候真心祝贺自己，而不是在招到了 9 个人的时候还觉得伤心，因为你真正想要的是 14 个人。

停止不断地改变你的终点。

你也可以用这个方法来设置最后期限。周五完成是好的；周三完成更好；要是在周二早上完成，那就最好了。

最后，你也可以把这种方法用在管理"情绪"目标上——这些目标与其说是一个标准，不如说是一种状态。如果你想对那个曾伤害了你的人更宽容，你可以设置一个"好的"目标，比如"我要停止向自己和他人诉说我的受伤经历"；"更好的"目标是"当想到那个人时，我会内心平静，但是我不想看到他"；"最好的"是"我可以见这个人，而且感到由衷的高兴，因为他教会我很多事"。

● ● ●　**小改变行动步骤**

现在就来填写以下句子，试试这个策略：

我的项目是：

我的"好的"目标是：

我的"更好的"目标是：

我的"最好的"目标是：

● ● ●

38.

人生中

不可避免的反转

到现在为止，你做得很好。你已经身处自己的生活中心，你在聆听自己的直觉，你感受到了"能量网"的支持。然而，这时反转突然发生了……

我不太确定这些为什么会发生，但我总遇到这样的事。一旦一个人开始迈向崭新的、更好的生活时，一些令生活脱轨的事就会随之而来。有时候是一位亲戚或朋友轻蔑的评论（有些意想不到的小事就可以让你停止前进），有时候是你的自我怀疑，有时候是因为一个危机——孩子有了麻烦，或是房顶塌了，或是狗摔断了腿……不管是什么事，你突然发现自己有了一个相当合理的放弃理由。

不要放弃。

你的麻烦可能发生在现实生活里，也可能只是发生在你的脑子里，但无论怎样，这是个大好的机会，可以让你以完全不同的方式处理这些事，可以让你的行程不被别人扰乱，可以让你按照自己的想法应对状况。

这是个大好的机会，

可以让你以完全不同的方式处理这些事。

所以，首先根据发生的事情做个"五分钟艺术创作"。你的愧疚、责任、憎恨、愤怒和害怕都可以从中表达出来。一旦扫去了情绪中的阴霾，你可能就有机会找到挫折中原本存在的机会。

或许就是因为房顶塌了，让你有了完美的借口来丢掉堆在储藏间里的垃圾。又或许在给狗治断腿的宠物医院里，你碰到了一直在寻找的新伙伴或朋友，你们两个一起创立了"防止狗摔断腿协会"，而一大群社会名流都会加入，你会在马里布和这些妙人儿办派对。

不要放弃。调整宏大计划是不可避免的，但是不要放弃它。

在过去的四年中，每个夏天，我都会在南加利福尼亚举办盛大的三日活动，名字叫"大写的'是'：怎样克服拖延、完美主义、自我怀疑并且从你的创造中赚到 10000 美元（甚至更多！）"这很有趣，我们帮助人们利用自己的能力取得进步，并且在短时间内赚得利润。

去年，在活动开始的前一夜，我收到了一位年轻女性的邮件。就叫她简吧。她写信告诉我，她一直都期待着参加"大写的'是'"活动，但是她被要求加班，没法来了。她表达了失望之情，而我能感受到她内心的挣扎。

我写信回复她："我很期待你来参加活动，而你自己肯定更迫切，因此我很希望你此刻做一个不一样的决定。因为你已经购买了活动的门票、在这上面花了时间，你已经摆出了一个重要的姿态，表明你要过不同的生活——一个更富创造力的生活。我知道你想做个好员工，但是现在不应该让别人的问题再影响你的行程。"

我还和她说，在年轻的时候，我已经牺牲了太多对自己重要的事，仅仅是为了完成我以为对老板很重要的事。猜猜那些老板是怎么回报我的？答案是没有回报。我的意思是，他们人很不错，对你和你的付出表示感激，但是他们本可以表现得更加慷慨。我和以往一样拿时薪，没人在意我放弃了写作来加班，没人在意我为了换班而在感恩节晚餐上提早离开。我的忠诚几乎没给我带来任何好处。这种忠诚已经到了自虐的程度了。但这是我自己的错，因为当他们要我再努力一些的时候，我总是说"好"。我想要做好人，我想得到肯定，我不想造成任何麻烦，我在躲避，我在用"他们需要我工作"这样堂皇的理由来逃避真正的生活。

他们并不是真的那么需要我工作。他们或许也不太需要你，而你也明白这点，因为当真有一个不得不的理由促使你离开办公室时，你就能放弃工作了，即使还没有其他顶替的人出现，你也已经做了选择。这个选择或许不是很理想，但是同样身处职场的人能够理解你。你应该偶尔把自己放在第一位，当你想让自己变成一个更好、更加充满活力的员工时尤其如此。

有的时候，脱轨事故并不是以个人灾难或是紧急工作的形式出现的，而是会伪装成一个"机会"。你知道的——你的前老板打电话给你，让你回去工作，开出的薪酬只比以前多了一点；或是你的前任打电话来，想知道你能否看在以前的情分上，跟他复合。

我想把这视为宇宙在拍卖你所有的旧物。就好像某个地方有一个储藏柜，里面藏着与过去的你有关的东西，而一旦你做出改变，宇宙就会把你的所有旧物都重新拿到你面前，只为了确认你真的不想要它们了。相信我，你真的不需要。跳回旧船或睡回旧床，都是在考验你对新的自己的信念。所以，勇敢些，说："不，但是谢谢你想到我。"然后朝前走。

我向你保证，一旦你沿着新路走了几步，就不会再记得自己曾经为何想要那些旧物，因为新的生活是如此甜美。

● ● ●　**小改变行动步骤**

我再没收到简的信。你能想象之后她做了什么吗？通过"五分钟艺术创作"（一幅抽象画？一首曲子？一段舞蹈？在人行道上用粉笔画肖像？）来给简的故事设计一个结尾。

● ● ●

39.

不要让恐惧

阻断你的果断

　　有时候，不可避免的反转并非源自某个危机，或是源自你的家人、搭档或社团，而是由你自己的想法造成的。

　　快，就是现在，你还能想起那些曾经限制自己发展的事情吗？是什么念头让你停下来的？

　　有些人把这些念头描述为"自我毁灭"，或者是潜意识在与自己作对，但我不确定我们是否真的有内在的破坏冲动。我觉得，这只是源于我们内心固有的保守。所以，就像一个溺爱孩子又大惊小怪的人试图控制一个多动症孩子一样，一旦你有了创造的冲动，或是做出了一个坚定的决定，接下来就会变得忧心忡忡，担心自己的计划会出错。

自我的真正任务是评判。好的父母会引导孩子在好的方面发泄活力，在有人大呼小叫的时候安慰他们（或者分散他们的注意力）。你应该亲自观察自己的想法，注意那些不正确或极不可能的想法，比如"可能所有人都恨我"，或是"没人需要我的付出"，然后把这些想法挑出来，运用良好的判断力来观察它们。

我发现，把害怕的事情大声说出来，就能够驱散它们。当恐惧在脑中盘旋时，就会显得十分真实，而且充满了威胁，但当你大声说出来时，这些恐惧听起来就会显得有点可笑。或者，你也可以把令你恐惧的念头写下来。当你看到自己写下"我可能会失败得很彻底"时，你就会想："好吧，不一定一点胜算都没有。"

恐惧和自我怀疑都是不可避免的，因为每个人都会有这样的经历。每个人，每个有名的人，每个成功的人，每个初学者，每个获奖者，所有人都是如此。有人敢于去做你想做而不敢做的事，但他们也和你一样害怕（虽然他们害怕的事情可能与你不同）。他们当然会害怕，却不会让恐惧阻止自己前进。如果需要，给自己写个小纸条："每个人都和我一样害怕。"

当恐惧在脑中盘旋时，就会显得十分真实，而且充满了威胁，但当你大声说出来时，这些恐惧听起来就会显得有点可笑。

所以，当不可避免的反转发生时，你要以最好的状态去面对它。要沉着冷静，要以自我为中心，你要告诉自己："没错，这就是萨姆说过的不可避免的不安和担忧。看，所有怪物都从角落里爬了出来。你们好，怪物们。你们看上去不错。很高兴见到你们。如果我心里的每个怪物都被激活了，我会非常兴奋的。这简直太酷了。"

不要和怪物纠缠，不要被它们拖下水，不要藏进洞里。和"能量网"相连，不停地对自己重复："没有什么比我的健康更重要的了。我现在准备好了。我现在准备好了。告诉我下一步怎么走。引导我。我会敞开心扉。如果可以，我保证做到最好。"

你要勇敢地面对它。我知道你会的，我知道你能行。而这个世界需要你的优秀表现。

● ● ●　**小改变行动步骤**

画出你心里面的怪物。

● ● ●

40.

你究竟在

担心些什么？

把你的想法写出来，这样你就能依靠最佳的判断力来分析它们，而不是将其置于焦虑的阴影下。拿起笔来，然后，凭直觉回答下面的问题并填空，不要左思右想。如果哪个问题与你或你的处境不符，那就直接修改它。看看你的回答会不会让自己惊讶。

1. 写下一个你很想拒绝的人的名字——即使你很肯定自己不可能拒绝他。

2. 如果拒绝那个人，你担心的结果是什么？填写下列空格：如果我对 _____ 说"不"，我可能会 _____。

3. 对于周遭的环境，你想要改变哪一点？

4. 填写下列空格：改变我的环境，可能意味着 _____。

5. 有哪个很有诱惑力的消遣会让你离自己真正的目标越来越远？

6. 填写下列空格：我喜欢那个有诱惑力的消遣，因为 _____。

7. 如果让你更全心全意地专注于自己的目标和最重要的事情，你担心会发生什么？

8. 填写下列空格：更专注于自己的目标和最重要的事情，会让我 _____。

● ● ●　小改变行动步骤

　　你可以做一个"五分钟艺术创作"，主题是"专注于自己的梦想意味着什么"，或许你可以写首歌。我刚刚即兴创作了第一小段，是老派百老汇音乐风格的，歌词如下：

　　　　我有一个梦想

　　　　要一心去投入

　　　　我有一个梦想

　　　　要即刻去实现

　　　　我有一个梦想

　　　　事关我的行动

　　　　我爱我的梦想

　　　　我终将找到如何……

　　你能从这里接上吗？

● ● ●

41.

永远不要害怕

新的痛苦和问题

我有一个理论，那就是我们在尝试新事物的时候，往往会逃回旧的模式，因为新痛不如旧痛。

有些痛处，我们已经习惯了。我们知道老旧的、熟悉的疼痛的形状、尺寸，以及自己对它的忍受度。比如，每个人都有各自的健康问题——身体的某处最容易生病。对我来说，我的肺很容易出问题。我要是生病了，很可能就是支气管炎。多年来，支气管炎已经成了我的老朋友。我知道它的症状，知道需要多长时间才能痊愈，所以支气管炎吓不倒我。

我还有一个铁打的胃，所以，当有一次我犯了消化不良的毛病时，真的感觉要去抢救一下了。因为我不了解这个新病的状况，不知道它会变得多糟，而这种"不知道"吓到了我。幸运的是，服下一些粉色药片后，我感觉好些了。

显而易见的是，当你开始一种新的行为方式时，你便有了新的问题，而那会令你非常不安。应对的诀窍是保持好奇心。记住，发生的一切都不是坏事。而且这些新问题能够让你不停向前，成为一个更好的人，一个优化的自己。

● ● ● **小改变行动步骤**

回答以下三个问题：

1. 你了解哪一种伤痛？

2. 新的伤痛让你感觉更糟糕，是因为你对它不熟悉吗？

3. 在朝着梦想进发时，你害怕新伤痛会给你带来什么问题？

● ● ●

42.

两者之间

的折中之道

你的一些恐惧是合理的。如果冒犯了人，你是有理由感到担心的（虽然我觉得有些人是应该去冒犯的）。担心自己的名誉也是对的。如我们在第 5 章和第 13 章中讨论的，担心别人觉得你很自私是对的。但是如果你把自己的一生都交给了别人，你的自私度量表就有点问题了。所以，这里有个小练习，相当简单又十分具有革命性。

具体步骤

以下每个问题都用一个形容词来回答。如果想到的词不止一个，那就分别写在不同的行里。

1. 如果你真的很成功，你担心别人会怎么看你？

2. 如果你的失败众所周知，你担心人们会怎么看你？

3. 你最不想让人评论的方面是什么？

4. 你最痛恨别人的哪一点？

5. 你最不喜欢自己的哪一点？

做得不错。现在，画三列，把形容词放在第一列里。所以你的表格就会像这样：

我不想成为		
专横的		
愚蠢的		
残忍的		
心胸狭窄的		
自私的		

好的，（暂时地）跳过第二列，在第三列写下这个形容词最极端的反义词。最好不要急于写下答案，闭上双眼，仔细想一下："与这个词相反的感觉是什么样的？"所以，当我想象"专横"的极端反面情况时，脑子里浮现出一个人完全拒绝替自己主张权利的画面，而我称其为"极易被说服的"。当

想象"心胸狭窄"的极端反面情况时，我想到了一扇打开的门，一切事物都能从中畅通无阻，而我称其为"随意的"。

所以你的表格就会像这样：

我不想成为		我不想成为的极端反面
专横的		极易被说服的
愚蠢的		超级天才
残忍的		过于善良的
心胸狭窄的		随意的
自私的		奉献过度的

现在到了神奇的部分。问问你自己："在这两个词中间，有什么温和、理性、折中的词或词组？"不要左思右想，而是要用那些能引起你的共鸣的单词、形象或词组来表达。

现在，你的表格就会像这样：

我不想成为	折中之道	我不想成为的极端反面
专横的	沉着地表达主张	极易被说服的
愚蠢的	能够聪明地完成工作	超级天才
残忍的	公正地评判	过于善良的
心胸狭窄的	审慎的	随意的
自私的	上班时间完全奉献	奉献过度的

掌控自己生活的新方法，就是让中间一列的状态占据主导地位。

当我开始这项练习之前，我因为不想显得太自私而总是奉献自己，这让我精疲力竭，倍感挣扎。我希望自己慷慨，能帮上别人的忙。我不想显得冷漠、压抑、封闭，或是看起来很没用。所以，最后我问自己："在给予过度和过少之间，中道是怎样的？"我意识到："中道就是'在工作时间完全奉献'。"一想到这点，一个全新的世界就向我打开了。我想："好的。在工作时间，我可以付出和奉献。在下午6点后以及周末，我只属于自己。"这让我感觉很好。

艾莉森负责销售手工蜡染围巾和衣服，她曾经问过我一个问题。她觉得有必要更多地专注在收入上，但是她不想看上去有"强买强卖"的感觉。"好的，"我说，"强买强卖的反义词是什么呢？""什么都不卖！"她大声说道，"没有收入，最终身无分文！"然后，我又问她，介于两者之间的是什么。"面向那些已经爱上蜡染的人。我或许能给老顾客优惠。那就不会有强买强卖的感觉了，而更像是在帮他们的忙。这样感觉不错。"

有一次，我接待了佛蒙特州的一位客户，他叫唐，是一位信仰疗法术士。他想把他的工作介绍给别人，但是又不想显得太唐突。当我问他唐突的反义词是什么时，他大笑着说："迷迷糊糊，消极怠工。"而当我问他"唐突"和"消极怠工"的中道是什么时，他说他想到了一只伸出的手。"或许，"他说，"我可以找一个人帮我做宣传——可能是记者或者某个有影响力的人。"为他的日常商业活动找个"伸出的手"，这个想法让他感觉简单又美好。我最近看到他在一场全球线上会议中担任专家顾问。显然，他的宣传活动有了回报。

最后，当然，你不会觉得这仅适用于商业。我有一个朋友，她结束了长达 17 年的婚姻，然后重新开始约会。她说她不想看上去太正经，但是也不想显得太好接近。当我问她这两边的中道是什么时，她说："一个温暖的微笑。"然后她笑得如此温暖，我知道她不会单身太久的。

● ● ●　**小改变行动步骤**

今天，你有什么新的"折中"策略？

● ● ●

43.

果断的人生

真的棒极了

回顾从前，你是否觉得自己的大部分决定都是对的？我赌你会回答"是"。除了个别事情真的是一团糟——我们每个人都会有些这样的状况——大多数时候，你自信能做出好的决定。所以，你要做更多的决定，更快地决定。在商界，人们总是说"速度就是金钱"。这是对的。你越是迅速地做出决定并执行，就越有可能成功。而且，如果你的想法被证明是大错特错的，能尽早知道也是好事。

果断决策的另一个好处是，你可以随时做出新的决定。所以，如果你判断错误，或是没有掌握足够的信息，你可以重新做出改进。犹豫不决是于事无补的。

果断决策的另一个好处是
你可以随时做出新的决定。

我在读刊登在《名利场》杂志上的一篇美文，文章赞美的是我的英雄——迈克·尼古拉斯。他曾是第二城喜剧团（我学习喜剧的地方）的早期团员。后来，他导演了很多伟大的电影和戏剧作品，包括《毕业生》《灵欲春宵》《天使在美国》以及《上班女郎》。他是一个富有洞见、聪敏、精明的人，一个喜剧天才。剧作家和著名编剧汤姆·斯托帕德曾回忆道："我坐在前排，一位舞台布景师拿着两把椅子走了进来，对迈克喊：'迈克，用哪把椅子？'迈克马上用左手指着说：'那把。'那个人走后，我在想，天啊，我永远也当不了导演。你要知道，那两把椅子看起来差不多，我说：'那把椅子应该是什么样子的？'他说：'没什么样儿，你就是要马上回答——之后可以再改主意。'"

当别人觉得你非常可靠时，你会被认为是一个更好的领导者——甚或是个伟大的领导者。如果你能做出快速、坚定的决定，那么每一个人，从你的孩子到你的团队，甚至是教堂合唱团成员，都会感觉更舒服。

● ● ●　**小改变行动步骤**

现在就做个决定。享受一下你的果断美！

● ● ●

44.

那个小孩

看上去太……

有时候，无论我们在做什么，都无法摆脱自己早期养成的习惯。即使如今你已经明白要先照顾好自己，不要过于追求完美，要让你和你的工作更引人注目，但是，从小接受的根深蒂固的思想并不会让你的行为有所改变。这是个人发展或任何学习过程中的一个艰难阶段：尽管你已经明白了这些道理，但似乎还无法把它们运用到生活中。

缩小理论与实践之间差距的方法之一，便是运用想象力、讲故事以及一点点梦想的魔力。

接下来的想象力游戏，源于我和我聪慧且完美的朋友兼

导师山姆 · 克里斯特森合作的项目，以及他发明的能改变人生的"想象设计程序"。你可以登录我的网站来获取音频文件，这样你就能闭上双眼，全身放松，让精神意象展现出来。哪怕仅仅阅读一下，效果也不错。

好了，我知道有些人在翻白眼，对这种想象力游戏感到有些恼火。没关系，你可以不喜欢它，但是我劝你无论如何都要尝试一下。还有一些人在尝试之后会说："我想象不到任何东西"或是"我脑子里一片空白"。没关系，不要强迫自己去想任何事，让想法自己冒出来。如果没有任何想法露头，那也没关系。或许是在今晚，又或许是在明天冲澡的时候，有些想法就会出现。即使只是一丁点的想法都是有价值的。

让我们从"4—7—8"模式的呼吸开始。感知你的内心，感觉能量线从体内发射出来。放松你的双手、你的下巴、你的脚底。好的。现在，想象你在一个相当漂亮、安静的地方——可以是实际存在的场所，也可以是想象出来的。然后，回想你童年时的一张照片。它可能贴在一本剪贴簿里，或是摆在某人的壁炉架上，不管怎样，最先出现在脑海中的，应该是你不到 10 岁时的照片。

现在，盯着照片里的那个小孩，然后在心里说这句话："老天爷，那个小孩看上去太 ＿＿＿＿。"无论想到什么词都很好。你盯着那张照片，感觉那个小孩动了起来。你可以看到他在玩耍，在和这个世界交流。注视着那个小孩一会儿，看看能够发现什么。

当你在观察的时候，你意识到那个小孩有一个惊人的特殊能力。那个小孩的神秘力量是什么？让答案自然出现在脑海中，像刚才做的那样。

这里有一些关于神秘力量的例子：

创造精彩故事的能力

听到别人听不到的音乐的能力

当需要的时候能隐身不见的能力

每时每刻都谅解他人的能力

和善的能力

在有人沮丧的时候，确切知道该说些什么的能力

固执的能力

为正确之事而战的能力

让爸爸大笑的能力

假装自己不需要或不想要任何东西的能力

在知道自己与众不同时，仍与别的孩子相处的能力

和动物、植物对话的能力

假装自己不在乎的能力

不在意那些刻薄之人的能力

不把自己看到的事坦白出来的能力

分辨成人在说谎的能力

不管发生什么，都总是努力工作、往前推进的能力

救场的能力

示弱、生病或需要援助的能力

在陷入麻烦时试着走出来的能力

成为最好的小女孩的能力

成为最好的小男孩的能力

不按规矩做事的能力

经受考验的能力

逃向梦幻岛的能力

在妈妈休息的时候轻手轻脚的能力

让人快乐的能力

不管发生什么都有希望的能力

你或许会发现，当那个小孩运用他的特殊能力时，这个世界里的成年人就会有所反应。比如，那个小孩的特殊能力是知道成人在说谎，那么他或许会惹恼成年人，又或许会让他们大笑。注意那个小孩通过这些特殊能力得到了什么，以及想得到但却没能得到的是什么。那个小孩是怎样学着和这个世界谈条件的？

你在那个小孩身上还有什么其他发现？

现在，想象那个小孩注意到了你，在和你打招呼。那个小孩会怎么和你打招呼？是随意地挥挥手还是给你一个温暖的拥抱？那个小孩对如今的你印象深刻，因为你已经有了一些成就，或是做了某些事，掌握了某些技巧。那么，你给那个孩子留下了哪些深刻的印象？你对此感觉怎么样？

现在，那个小孩给了你一个礼物，一个你并不知道是否需要的礼物。接着，你打开了礼物。注意你对那个礼物的反应。你说："谢谢。"然后，你把礼物放在了安全的地方。

你也有一个礼物要给那个小孩。继续，把礼物递过去，然后想象他是怎么接受你的礼物并说"谢谢"的。

如果你想象还要和对方交换其他东西，或是互相说点什么，就尽情想。接下来，我们要回到当下。我们心里明白自己可以随时重新回到想象中的安全之地，和那个小孩再次见面。再做一轮"4—7—8"模式的呼吸，然后回到自己的状态。

请根据你的经历做一些笔记：

我想起的照片是 _____。

我觉得"那个小孩看上去太 _____"。

我还注意到，那个小孩非常 _____。

儿时的我的神秘力量是 _____。

成年人对那个神秘力量的反应是 _____。

那个小孩和世界协商的方式是 _____。

儿时的我对成年的我印象深刻之处是 _____。

那个小孩给我的礼物是 _____。

我给那个小孩的礼物是 _____。

对于这个练习，我还想提及的是 _____。

好吧，你对这个练习的反应或许相当平淡——"哦，还挺有趣",或是"哦,有点意思"。或许你也会从中得到一些启示。或许在"老天爷,那个孩子看上去太 _____"这句话里,你填的那个词会是一个实用且有力量的形容词。或许下次你可以用这个词来形容你和你的工作。或许这个练习可以带来强烈的情绪。如果它勾起了一段旧日回忆,那就是进行"五分钟艺术创作"的好机会。

我们很多人都不是"欢乐童年俱乐部"的会员。但好消息是,我们现在都长大了,我们要当自己的父母。这就是这件事的目的,学着怎样更好地养育自己——学着在你需要坚强的时候坚强,学着有爱心、有同理心、自尊,不让自己逃避任何事。

是的,你和那个小孩已经经历了很多。是时候去注意那个孩子有多漂亮、多特别了,看看那个孩子的能量还有多少留在你这里。

我的客户雪芮通过这个练习记起她孩提时就热爱写作,但是这一点从未被家人注意和支持过。然而,她依然坚持写日记。她说:"这个练习让我认识到,这么多年来我一直坚持写日记,其实是为了适应周围的环境。我真聪明。但是这样做的缺点在于，我把自己在创作上付出的努力当作秘密隐藏了起来，仅仅因为我害怕遭到反对和拒绝。"

我为雪芮指出了其他一些经验。"首先，你不需要别人同意你创作。毕竟，多年来，即使没有别人的支持，你也这么做了。所以，现在你不必太在意别人的看法，把你的作品大胆秀出来。想想那些缺少你这种韧性的孩子——如今他们已经长大了，他们都想读你的作品，因为自己写不出来。最后，你会意识到'隐藏'这种适应模式已经对你无效了。那么你可以对它说：'谢谢你，隐藏。谢谢你教会我如何隐藏。现在，我打算换一种模式，去感受站在聚光灯下的滋味。'"

● ● ●　**小改变行动步骤**

　　给自己画一张和那个小孩一样的画像，确保其中包含了你的特殊能力。

● ● ●

暂 停

太过了

亲爱的"神":

我感觉我整个一生都在被告知我不能成为我自己。

太敏感。

太有趣。

太吵闹。

太安静。

太过了,有时又不够。

今天,我要以你的力量为自己做主。

我吸气,让我的身体感知自己的能量;我呼气,感知我的精神在发光。

我要走出阴影,走进你光明、友爱、一览无余的光。

谢谢你一直不灭的光。

爱你的我

45.

五个"呃"

和三个"哇哦"

早上醒来，你注意到床头柜上有一大堆用过的纸巾、盛着半杯水的玻璃杯和一大摞你以为有时间就会看的书。你心里想："呃……"

沐浴后，你打量着被塞得满满的衣柜，试图找些既合身又有些与众不同的衣服。最后，你还是穿了件和平时几乎一样的外套出门了。你心里想："呃……"

去上班的路上，你注意到自己放在车里用来装空汽水瓶和其他废物的垃圾桶已经满了，边角的细缝里还有面包屑。你心里想："呃……"看到乱糟糟的桌子："呃……"在乱糟糟的桌子上发现过期账单："呃……"

我相信这五个"呃"会困扰你一整天。单独的一个"呃"不是大事，但是把它们加在一起，就会形成一种难以抵抗的无力感。当你是一个拖延症患者，一个过于苛求的人，或者一个完美主义者时，尤其如此。

打个比方，你在一个干净、温馨的环境中醒来，发现你的床头柜上放着一朵鲜花。你会想："哇哦。"你的衣柜里挂满了当季的衣服（不一定很时尚，但是十分适合你现在的生活），而且都很合身："哇哦。"还有，你的车里打扫得干干净净，十分整洁："哇哦。"

这三个"哇哦"，胜过任何一个"呃"。如果你能用三个高质量的"哇哦"开始全新的一天，那么凌乱的桌面上堆成山的文件看起来也不是那么难以处理了。而且你还会发现，语气平和地给贷款方打个电话，向他解释你的失误，询问他是否有什么方法能免交那烦人的滞纳金，这样做并不会让你感到为难。

"哇哦"会给你带来小小的幸福和喜悦。它们让你感觉充满能量和掌控力，让你能感知世界的美妙之处。"哇哦"能来自任何地方：洁白的亚麻窗帘透过阳光，锻炼了 20 分钟后四肢充满了力量，剪了个好发型，饭盒里的一张充满爱心的便条，或是看起来很干净的浴室架子——上面所有用了一半的瓶瓶罐罐和用过的浴盐都清理掉了。

三个"哇哦"胜过任何一个"呃"。

五个"呃"和三个"哇哦"的比较能够说明，微小的改变就能带来大不同。你不需要搬进新房子，或是减重 5 磅，或是为了寻找生活的乐趣而辞掉现在的工作。但是如果你能优先寻找生活中的乐趣，那么一个新家、更健康的体魄以及更好的工作机会就会轻而易举地出现。

● ● ●　**小改变行动步骤**

在触手可及的范围内找到一个让你发出"呃"

的事，然后解决掉它。（不确定从哪儿开始？可以先

处理闲置了几年、已经干了的钢笔。）

● ● ●

46.

考虑未来成本，

而非沉没成本

你是一个感情用事的人，不是吗？

你热爱自己的回忆、属于自己的东西，以及与各种人、地点和物品之间的关系。这些关系连结在一起，让我们的生命有了意义。但是有时候，一段关系与其说是生命线，不如说是一个陷阱。你知道怎样放弃这些关系吗？

经济学家们每次给我们这些凡夫俗子讲解关于沉没成本的谬误时，都会挠头表示无奈。沉没成本是指你在一件事、一个项目或一段关系中已经付出的投入，是不可撤销的。很多时候，我们会因为在一件事上投入巨大而不肯放弃，更糟的情况是继续投入。我们理智的声音会说："我知道是时候扔掉这件昂贵却从没穿过的西装了，但是我花了那么多钱，所以应该留着它。"这个想法是错的。你花在这件西装上的钱已经失去了，无论你做什么，都拿不回来那笔钱了，所以不要让昂贵的价格和"以后再说"的想法来影响你的决定。假装这件西服是免费的，或许会对你有帮助。那样你就会想："我已经等不及要把这件没怎么穿过的西装扔掉了。衣柜里可以留出更多的空间，真是不错。"我的朋友，那才是一个理性的决定。

你急迫地想要和我争论西服不是免费的，所以我的例子有问题，是吗？那试试这么想：你还留下了很多衣服，那些你一直在穿的衣服，不是吗？所以总体来看，你没有损失什么。另外，我们总是要清理衣柜的，你不可能把每件外套都留下。别让自己想得太累。

我们对沉没成本的理性思考听上去也许会是这样的："我已经花了三年时间攻读博士学位了，所以我应该坚持到底，即使我一点也不喜欢它。"这样想不对。你现在感觉很糟糕，这个事实举足轻重。无论你接下来做了什么决定，都不会重获这三年的时光了。所以要这样想：学什么都不是浪费，你没有浪费任何时间。这会让你感觉好一些。你不会浪费时间的。时间就是这样过去的，无论你是否存在。

你不会浪费时间的。时间就是这样过去的，

无论你是否存在。

我经常惊讶地听到人们说："我拥有法律学位，但我从没想过要去考律师证，所以根本用不上法律知识，学这个完全是浪费。"怎么会呢？你既然能够修到法律学位，我确定那一定对你有很大影响，也塑造了你现在的世界观。没有得到自己想要的结果，并不意味着就没有意义。

当你过于关注沉没成本时，各种关系也会超出本身的生命周期。例如，你不愿结束婚姻关系，仅仅是因为你们在一起很长时间了，但这解决不了任何问题。你必须预估未来成本，而不是只考虑沉没成本。你无法收回已经花费掉的时间，但是花费更多的时间又会让你付出什么代价呢？你还会错过多少机会呢？

过去的事情已经过去了，但是它能帮助我们在未来做出更明智的决定。关于沉没成本，你最该问自己的问题是："如果我能早点知道现在所知道的情况，还会再次做出这样的选择吗？"如果答案是"不会"，你就已经做出自己的决定了。

所以，如果你的房间里有些东西让你感觉疲惫，请记得你需要的只是适合目前生活的东西。不合身的衣服、占据太多空间的传家宝，以及没怎么用过的跑步机——这些都是要丢掉的东西。如果想让自己感觉好些，就给那些物品拍张照片，再把照片放进剪贴簿以供怀旧就好了。所有那些物件都让你受限，一旦放开它们，我保证你会感到更轻松、更健康、更自由。如果你的生活里有人在榨取你的能量，那么请你记住，不是所有曾进入你生活圈的人都应该永远留在那儿。我常听人说，有些人"因为某个原因需要进入我的生活一段时间"。一旦那个原因消失了，或者那段时间过去了，你就有责任让那些人离开。当然，没有必要显得粗鲁或无理。要优雅、友善地祝福他们，然后请他们走。

或许你曾经准备褪去一个旧的身份，现在正是向前迈进一步的时机。换上一个新的身份会有些冒险，但是对你的健康而言，有时这是很有必要的。有的时候，你身上发生了新的状况——被解雇了、离婚了，或者独守空巢——这对你的整个生活都是个刺激。而有的时候，来自外在的改变更令人震惊。你突然发现自己成了一个企业家、一个精神探寻者、一个公众人物……而你可能会意识到，并非你生活中的每个人都因此而感到振奋。没关系。你不需要把那些人赶出你的生活（除非是时候这么做了——参见上文）；你只需要找到其他话题。不要尝试从没有能力支持你的人那里寻找支持。空饼干罐永远填不饱你的肚子。只要优雅或蹒跚地迈向新的自己，并向过去的自己致敬。

我们热爱安全、太平和稳定，我们也同样渴望改变、创新和成长。保持好平衡，你就会发现一个既尊重过去又拥抱未来的生活。

●●● **小改变行动步骤**

想象生活中需要改变的一个情境，问问自己："如果我能早点知道现在所知道的情况，还会做同样的决定吗？"随后根据你的反应行动。

●●●

47.

七种别人不曾

谈及的杂乱

谈到杂乱，不论是物理上的，还是精神上的，它的典型特征就是停滞不前。你可以一眼看出什么是杂乱，因为它没有动作，没有进展，没有生命力——永远保持原样。如果你有很多东西，但是它们都在运转——比如，所有衣服你都在穿，所有厨房用具都在使用，桌子上的所有文件都在处理、解决和精简，这样就不会显得杂乱。如果你只是拥有很多东西，这完全没问题。

你可以分辨出什么是杂乱，因为它没有动作，没有进展，没有生命力——永远保持原样。

很多关于摆脱杂乱的建议都是以一句欢呼着喊出的粗暴命令开始的："动手吧！"但是如果你没有明确地意识到自己将被杂乱掩埋，摆脱杂乱就几乎是不可能做到的。所以我列了一个清单，其中包括了造成杂乱的根本原因——很少有人讨论过这些原因，同时提供了一些严肃的策略来启动改变。

1. 怀旧。你爱回忆。你爱送给你东西的那个人，你爱买那件东西时自己的样子，但这些都不应该成为你仍然留着那些不再使用的东西的原因。仔细品味一下自己的情绪，把它当作"五分钟艺术创作"的素材，或者给它拍一张照片，然后就放手吧。

2. 你对未来生活的想象。你总是想："或许有一天……"是的，或许有一天你会做些什么，但不是现在。你还没有一座山间小屋，所以麋鹿头挂饰可以扔掉了。你现在没有时间把那堆旧 T 恤缝成一条毯子，所以也可以把它们扔了。如果扔掉这些东西让你很痛苦，那就太棒了，因为痛苦意味着你真的想要一个灿烂的未来。所以，开始朝着未来迈出第一步吧。开始为山间小屋的首付款存钱，或是今天晚上就剪裁缝毯子的布料。

3. 未来可能需要的东西。"我没准哪天可能会需要这个东西。"是的，你可能需要。但是很有可能你用到的是另一个东西。我觉得这个想法实际上是一种伪装的完美主义：完美主义意味着一定要为每件可能发生的事做好准备。我很理解也很赞同这种想法，但这不能用来解释你为何保留那些占用太多空间的东西。而且，如果你准备让想象中的未来替你做决定，那么为什么不想象这样一个未来：无须保留任何东西就能做出最好的决定。

4. 忠诚。对一个人而言，很少有比感觉正确更愉悦的事了，也很少有比感觉错误更不开心的事了。有的时候，你之所以不想摆脱某件杂物，是因为那会让你觉得买这件东西是错误的，意味着你曾经判断失误。你想让自己相信过去的决定是正确的，所以在它们被证明是错的之后很长一段时间里，你仍在不停地重复那些决定。

比如，你觉得在会客室里挂上黄色窗帘会很不错，实际上并非如此，所以你从没有挂上它们。现在，你每次在橱柜底看到这张黄色窗帘时就会想："我真的觉得它看上去不错，但实际上不是。"之后，为了证明自己只是一时失误，你就会想："或许哪天把它们挂在别处会好一些。"我的导师大卫·尼格尔给了我很大帮助，他教给我勒兰德·瓦尔·凡·德·沃尔所说的一句话："你获得的成功的总量和你不逃避并接受真正的自己的程度成正比。"能够平静地接受自己会犯错这个事实，会让你成长得更快。

5. 人格化。孩提时代，我相信所有东西都有感情。我记得当我的小飞象丹波玩偶还是新的的时候，我会额外给它几个晚安的吻，因为它错过了这些年来我给其他挚爱的安慰品的吻，而我希望能给它一些弥补（在我家，安慰品特指孩子喜欢或者睡觉时一定要用到的毛毯、泰迪熊之类的玩意儿）。好吧，我现在仍然相信所有东西都有感情。我对我的车表示感谢，因为它为我尽心服务。我向英式松饼表示敬意，因为它很美味。我通常在出门的时候会和房子说再见，即使只是出去一会儿。最近，当我想到要换掉旧洗碗巾时，几乎要掉眼泪了，因为我觉得这是不尊重它们多年来的辛勤工作。如果你对某些东西很有感情，就试着为这件东西做个"五分钟艺术创作"，然后，对它说谢谢，请别人帮你处理掉它。你愿意说再见，并不意味着要把那件东西送到旧货店，或是扔进垃圾桶。

6. 重放旧磁带。担忧是精神上的杂乱，重复的自我批评也是。任何没有结果或不会带来新想法的想法都在占用你的大脑空间。你要不断成长，要能够区分有用的想法和其他想法，这点很重要。

你一旦发现自己在老调重弹，就要大声拍手，或是开始唱一首令人振奋的歌。或许你能把旧想法深深地埋进土里，化成堆肥。你也可以大声喊出不寻常的词组，像是"Peeny-Weenie Woo-Woos"，以此强迫自己想些别的事。（Peeny-Weenie Woo-Woos 是一种相当可怕的鸡尾酒，它在我家已经成了传奇，因为它已经让好几个相当矜持的成年人喝了之后摔倒在了地板上。）

7. 递减法则。第一个真不错，第二个更好。但是现在轮到第五个了，兴奋感在消退。我们有很多收藏品，有关于太空探索的书，也有红色的羊绒衫。检查你生活中多余的部分，看看是否有可以丢掉的物品。

当你是某个方面的行家时，会把毫厘之差都看得很重要。卢克是一位音乐家和作曲家，我写这本书时，他还在攻读音乐理论的博士学位。他告诉我，他的 Telecaster 吉他和短款 Telecaster 吉他截然不同。虽然我真的无法把它们区分开来。但他是个专家，而且真的会分别弹奏这两把吉他。基于同样的理由，我的柜子里有六双黑色高跟鞋，每双都有相当不同的作用。如果你是个狂热的鞋子爱好者，真的会穿每双黑色高跟鞋，那就没有杂乱之说——那只表明你有个好品味。但是如果你只穿其中的一两双，那你可能就应该把剩下的扔掉。

● ● ●　**小改变行动步骤**

摆脱一些事。任何事都可以。现在就开始。

● ● ●

48.

搞定

杂乱

下面的一些问题可能会帮助你改变对杂乱的看法。随便设想一些"停滞不前"的局面，精神上的或物理上的，再看看这些问题，或许能给你带来某些改变。

1. 找出一块你非常想清理的区域。

2. 你如何看待杂乱？

3. 你认为杂乱能带来什么好处？比如，尽管你很想重新整理地下室，但太费时间，你更愿意把时间花在别的项目上。再比如，当你整理堆满杂物的储物室时，其实有些享受可以随处找到垃圾袋的感觉。能够发现好的方面，或许能让你搞清楚为什么至今都没有做出改变，并找到不用牺牲这些好处就能做出改变的方法。

4. 不扔掉杂物反映了什么美德或价值观？比如，保留不怎么用但很昂贵的家用电器，或许会让你感觉自己很节俭，因为扔掉它就意味着浪费了钱。留着充满回忆的物件，或许能让你体会到家庭和爱的价值。但是当你有了一个干净的储物柜时，你仍然可以感到自己很节俭、以家庭为重并且充满爱。事实上，整理杂物可以提高你的品德和生活质量。

5. 有哪些陷入停滞的事情是你不想做的？你在坚持些什么？整理车库可能意味着你不得不联系你的前任，因为那里还放着很多他的物品。卖掉老唱片可能需要进城去估价。清空婴儿房，或许意味着你终于要面对这样一个事实：孩子们已经长大成人，离开了家。

弄清楚是什么让你犹豫不决，或许能帮助你用一种新的角度朝前看。或许进城估价时能顺便放松一下。认清孩子总会长大的事实，或许能让你以一种意想不到的方式解放自己。

6. 如果现在就要让这个问题消失，你会做些什么？你希望这个问题消失后会给你带来什么？有的时候，我们总是在熟悉的问题上陷入停滞，因为如果老问题真的消失了，我们就不得不面对新的、更大的问题。就像我们曾经讨论过的，旧痛要比新痛更让人好受些。

整理露台时，你可能会发现地面要重新铺一下。但从另一方面来看，如果露台整理好了，你就能举办烧烤派对了，而举办派对就是你一直等待的动力。

7. 你的杂乱和谁有关？是不是有一股力量拉扯着你？或是和一个人的情感纠结让情况总是剪不断理还乱？物品并不只是物品，它往往包含了我们的过去。

我记得一个曾经来过我的现场工作坊的伙计，个子高大、肤色黝黑、十分帅气，他说他很想扔掉卧室里的钢琴，但是他知道妻子不会同意，因为那是她从一个因病去世的朋友那儿得到的礼物。他很确定妻子会激动地反对扔掉钢琴。想想看，当他鼓足勇气向妻子提出建议，妻子却立即同意时，他有多吃惊。钢琴并不能给她带来快乐——那只会让她想起朋友最后痛苦的几年。钢琴占了一大块地方，而她原本很想在那里做清晨瑜伽。

只要敢于提问，你总会发现惊喜。

● ● ●　**小改变行动步骤**

　　为你的杂乱做个"五分钟艺术创作"。如果需要建议的话，你或许可以试着创作一段科幻小说，小说里的主角叫"漂亮房子"，她被"声名狼藉的杂物"困住了，而你是个空间英雄，在最后一分钟拯救了她。

● ● ●

49.

清理你的

"梦想柜"

有一天，我和我的朋友科林·加利昂——一个很棒的高管教练——一起吃午饭。我们开玩笑说，可以把童年的志向、年轻时的渴望和目标，以及过去的梦想都藏在一个想象中的柜子里。她的柜子里有一顶长着角的维京人头盔，这代表着她向往的歌剧职业；我的柜子里有一条彩虹背带裤，那是我小学时候的梦想——要成为一名哑剧演员。（不要笑，哑剧演员很酷。）

闭上双眼，想象一下你的梦想柜是什么样的。那是个储藏柜吗？还是一个飞机库？或是一座文艺复兴式的城堡？又或者只是一间小屋？再来看看你的梦想，它们都是什么样子的？是穿着戏服的？还是装在盒子里的？或是写在纸上？

你的梦想柜是什么样子的？

当你在梦想柜里闲逛时，或许会发现其中的一些梦想并非是自己的。或许你的某个梦想是你妈妈传给你的。试着整理一下你的梦想，是否有些梦想是绝对不该由你去实现的？是否还有些曾经很棒的梦想，如今却好像一件陈旧的舞会礼服一样，完全过时了？又或许围绕在那些梦想周遭的还有愤怒、后悔或沮丧。又或许，你还欠某个梦想一个道歉。

当你整理这些梦想时，它们是否和你说过什么？它们有没有争着引起你的注意？它们中的一些是否锈迹斑斑、黯淡无光？或许你可以立即采取行动，把一些梦想放进"名人堂"，把另一些舍弃掉。（我很喜欢想象那些过期的梦想安静地滑进"能量网"的梦想回收系统中。）或许有些梦想太有趣了，无论它们是多么的遥不可及，你都要保留着。其中或许至少有一个梦想，你想把它从梦想柜里取出来，开始试着实现它。

　　如果你的梦想柜需要整理，你可以拂去尘土，让它焕然一新。让梦想柜变成你希望的样子，变成它应该成为的样子。对那些远离你的、不合适的、想放弃的梦想说一声："谢谢你成为我的梦想，去找最合适的主人吧。"然后放下它们。

　　上一次我在上这门课的时候，有学员问我："假设你有一个顽固却无法实现的梦想，比如你的男神或女神从未注意过你，但你却总是梦到他们，那么该怎样才能摆脱这个梦想的影响呢？"这是一个尖锐的问题。我不认为我们应该完全扔掉那些爱的梦想。关于爱和被爱的记忆是珍贵的，而且单相思十分甜蜜，因为它永远不会被乱糟糟的现实玷污。（你还记得那个第一次让你心动的人吗？还有比这更纯粹的爱吗？）

　　我鼓励你放弃的是后悔。我们很容易相信事情或许会不一样，但是就如同在第 33 章中讨论的，你和你的男神（或女神）没有什么可能会在一起。所以不要相信过去能够或本应不同，或许你可以把注意力放在梦想对应的欲望上。你应该感到后悔的是，如果那段关系能有结果的话，你或许可以成为别的样子。所以，如果能和心上人在一起，你会变成什么样儿？你现在能让自己变成那样儿吗？

● ● ● **小改变行动步骤**

根据你最喜欢的旧梦想进行"五分钟艺术创作"。需要提示？写一段独白，从一个已经实现了这个梦想的人（你）的视角来写。我创作的开头是这样的："没有人会期待一个哑剧演员开口，但我有很多话要说。是的，关于那些彩虹背带裤……"

● ● ●

50.

停止一些

毁灭性的交流习惯

一些交流习惯会严重破坏你的人际关系、心情和总体形象，尽管它们看上去稀松平常。把注意力放在表达的内容或者形式上面，会让这种情况得以改观。

1. 停止抱怨。从现在开始，永远停止。因为这会让你的脸色难看，对工作也毫无帮助。抱怨，以及它的双胞胎姐妹——唠叨，是两个非常无用的东西。它们不会促成优质的沟通。你可能已经注意到了，你的所有唠叨和抱怨都被人忽视了。你抱怨得越多，别人就越充耳不闻。因为你的抱怨使对方进入了防御性状态，所以，他们就听不见你说的话了。虽然我不是肢体语言专家，但是我注意到，一旦双臂交叉，耳朵就关上了。

这些策略也不会促成改变。唠叨和抱怨不会激发想象，不会促进行动，也不会带来快乐。它们只会带给你失落，并让你一直失落。它们是生活这只碗里烂掉了的香蕉。

你抱怨得越多，别人就越充耳不闻。

停止抱怨和唠叨最简单的方法，就是用提要求来代替。所以，与其说"星期一团队会议时大家总是迟到，真是让我抓狂"，不如说"我想提个要求，下周所有人都提早五分钟到这个房间，大家愿意这样吗"，还可以加个富有诱惑力的条件，例如"我会带甜甜圈来"。

2. 承认你不是真的"崩溃"了。我常听到有些人说他们崩溃了，说白了，他们只是非常愤怒。"不，我没有疯，我没有。我只是……崩溃了。"他们火冒三丈地说。

崩溃是愤怒和无能为力相结合的产物。所以下次你发现自己说到崩溃时，问问自己是不是生气了？如果是，你该怎么对怒气做出回应？你真的无能为力吗？或许你的确应该表现得更有力一些，但从另一方面来说，如果你实在无能为力，那就不妨放松下来。把能量浪费在一些你控制不了的事上，毫无意义。

3. 没有做错任何事，就不要道歉。当别人撞到你的时候，你道歉。当你害怕的时候，你道歉。然而，道歉得越多，就越没有用。所以，不妨停止为每一件你觉得做错的事道歉，换成说"谢谢"。与其说"对不起打扰到你"，不如说"谢谢你花费时间和我一起做这件事"。与其说"抱歉这么长时间才回信"，不如换成"谢谢你的耐心"。

4. 如果你真的很抱歉，说出来，说到做到。具体、确切地说明你觉得抱歉的地方。申明责任，求得同情、理解和宽恕。你要把改变的行为展现出来。

问一下对方是否接受你的道歉或补偿。无论答案是肯定的还是否定的，都让它过去。一切都结束了。事情就此了结。

● ● ●　**小改变行动步骤**

　　找到一种会对你造成不良影响的沟通习惯。或许你习惯于把陈述句说成疑问句（升调），或是在演讲或写作中插入过多修饰语，比如"我不知道这是不是对"，或是"我有个小小的想法"。或许你用了太多的"就是"，比如"我就是想问下你是否……"。或许你总是打断别人的话。

● ● ●

51.

不要把自己困在

过去的事里

不要再在你的脑子里彩排对话。

不要回放已经说过的对话。

不要想以前说过的话应该怎么说会更好。

不要老是述说已经发生的事情。

你有很棒的想象力和行动力。当你对未来感到紧张或不安时，你就会想象出各种画面和情景，这样你就能事先"彩排"了。但是你可以问问自己，彩排是否帮到过你？你是否用到过那些精彩的对话？它们是否帮你走出了困境？我的答案是，都没有。

有一种自恋源于焦虑。当你被困在自己的思绪中，就很难把注意力放在外部事物上。所以你错过了重要的会话线索，并且忽略了这个空间里的能量。这会让你和外部世界脱节，不利于你与其他事物建立联系。

当你被困在自己的思绪中，就很难把注意力放在外部事物上。

对专业演员而言，排练是工作的一部分。但是作为一名演员，我发现每次在试镜之前都会陷入纠结，会尝试着预见将要发生什么、我应该说些什么，而不是完全按照剧本。我会重复这样的话："神圣的智慧会告诉我所有我应该知道的。"

或许我还说过"我相信'能量网'会支持我"，或是"发生的不是坏事"。

提醒自己要放松，接受外部释放的信息，这让我的生活变得更加顺利，使我不再因为胡思乱想和焦虑而肾上腺素增多，从而避免了由此造成的思维混乱的情况。

或许你不会为未来排练，但是却会发现自己在重演过去。

我们总是会回想这样的场景——想说的话却没有说出口，或是当时没有想到如何巧妙答复，或是因为太沮丧而不知道如何回应。我们强烈地渴望回到当时，说出自己的心声。法国人甚至有专门的说法来形容这种情形，"l'esprit de l'escalier"，意思是"阶梯间的灵感"，或是"楼梯间的智慧"。想想看，你已经走出了房间，即将离开大楼，恰好在这时，你想出了完美的回复。我和我的朋友、屡获殊荣的剧作家艾米丽·贝克根据这个词仿造了"车里的景象"这个说法，而且我们都觉得这个说法很好笑，它的意思是：完美的试镜总是发生在你从试镜现场开车回家的路上。骄傲和虚荣令我们以为只要重来一次就必然成功，所以总是想让时钟倒转，重新来过。

陷在过去的故事里无法自拔的另一种表现形式是一直重复你在那个故事里受过的苦。恋人离开了，不懂得感恩的老板忽视你，你曾被欺骗、误导或背叛——这些故事都极具戏剧性。只要把故事讲得恰如其分，我们就可以让自己显得性感却不被人爱、忠诚但没有回报、坦诚、值得信赖、忠心和真实。

问题是，不断地重复那些过去的委屈，只会让它们保持鲜活。那些伤害只发生过一次，但是你让它重复了一遍又一遍。你在不停地撕开伤口，并且拒绝让它愈合。

以下是我的一些建议，可以用来戒掉这些令你上瘾的思维习惯：

1. 针对任何仍旧让你痛苦的事情进行"五分钟艺术创作"。

2. 不要再讲述那个故事，永远不说。

3. 不要再往那个场景里投入更多的能量。一旦那个念头钻进你的脑子里，你可以喊出我发明的新词，比如"香蕉短裤"，或是其他任何能够转移注意力的词，逼自己想些别的事。唱一首露营时的老歌，对着房前的一棵树来一段毫无逻辑的咆哮，问问别人在做什么——做任何能让你分心的事，在当下重启自己。

4. 如果你发现自己无法停止在想象中对话，那就把这些话大声说出来，然后把所有人称代词用"我"来替代。你可以这样说："我不相信我炒了我鱿鱼。""我理应待我比原来更好。""我总在后悔我离开自己的那天。""我再也不会对自己说话了！"（此处可以有关门声。）你或许会意识到这些话听上去很可笑，这通常是开始治愈自己的良好契机。你可能会哭泣，但这也是另一个完美的新开始。而且，通过把"你"从对话里移除，你才能对已经发生过的事以及你在事件中的反应负全责。你可以更清楚地看到自己在那个事件中扮演的角色，并且能够从全新的视角来审视自己。

你或许会意识到这些话听上去很可笑，但这通常是开始治愈自己的良好契机。

● ● ● **小改变行动步骤**

想象一个已经发生过的场景——你希望它可以有完全不同的结果。现在大声重复当时的部分谈话(可以是真的,也可以是想象的),把所有的人称代词都替换成"我"或者"我们"。这很有意思,不是吗?

● ● ●

52.

优雅地面对

自己的错误

"害怕受到批评"是你陷入僵局的重要原因，所以值得单独用一章来说。我经常听到人们说他们害怕失败，但是我猜，如果他们的失败能不为人所知，那么他们就不会在意了。其实，我们害怕的是把自己的失败置于众目睽睽之下。

如果我们在成长中有完美的父母、老师、守护者和教练，我们犯下的错误和没有结果的努力就会得到充满爱意的理解、鼓励和同情，我们还会从中学到重要的教训。我们应该从错误中学会好奇，而非感到羞耻。

从现在开始，你应该成为自己的完美父母。你应该从容而优雅地面对自己的错误。你要把错误喊出来，甩掉它，然后思考接下来该怎样改正。你要让自己彻底摆脱困境，还要停止因为失败而惩罚自己（和他人）。

如果你学着把失败只看作一种信息而非决断的机会，就会得到真正的精神成长。

如果你学着把别人的失败只当作一种信息而非决断的机会，你就会变成人们所说的圣人。

同时，要明白害怕失败只是生存本能在阻挠你前进。从进化生物学的角度来看，关注别人的感受是合理的，因为你需要得到别人的认可才能活下去，而个性古怪可能会让你被部落抛弃。所以你必然不愿意把自己的工作轻易拿给别人看，你害怕被草率地判断和拒绝。

总有客户告诉我："我想写一本书，但是我怕有的人会觉得我太古怪／太自大／还不够好，等等。"这时我会说："你的意思是：在你想象中的未来，有一个想象中的人，给你提出了想象中的意见，然后你根据这些意见来决定当下是否要写这本书？这是真的吗？"

这么说吧，如果你打算赋予一个想象中的人物以力量，为什么不想象这个人会热爱你的工作呢？想象一下有人对你所做的事充满热情，并迫不及待地要告诉所有的朋友。这样想不是更好吗？

● ● ●　小改变行动步骤

　　根据一次伤心或羞耻的经历（可以是真实的也可以是想象的）进行"五分钟艺术创作"，看看你是否会找到一些幽默、宽容或同情的方式让自己释然。比如，你可以写一个民间故事：一位老师被下了一个恶毒的咒语，于是，她对天真的三年级学生说，你们都是完全没有天赋的人。然后，学生们开始反抗，大声唱了一首欢乐的歌。因为这样的信念，咒语被打破了，老师道了歉，所有的孩子都自信地长大了。故事结束。

● ● ●

暂 停

不完全是我的计划

亲爱的"神":

我脑子里总在想我的事业应该是什么样的。

我真的觉得我的生活本应完全不同。

我的意思是，曾有段时间，我的生活看上去无可限量，你知道吗?

坦白地说，我很失望。

但是我明白，失望就是不会感恩。

然后再细想，就是不忠实。

哎哟。

好吧。我打算专注于你和我一起创造的生活中那美好的一面。

而它很美。

特别是没有"失败"，或是"不够好"，或是"应该更成功"来淹没我的快乐。

让我们尽可能发觉所有的快乐。

　　"神"啊，谢谢你把你的光洒在我（完美）的生活中，我的生活在你神圣的陪伴下（完美）进行。

爱你的我

53.

尝试驾驭一个

更大的目标

现在，你应该能很好地实现"小改变，大不同"了，或许你在考虑尝试更大的目标。我完全支持。

让我们从这里开始：

1. 写下一个项目的名字。那个项目你很想去做，但是始终没能进行。

2. 写下三个你没做那个项目的原因，或者如果开始那个项目的话，你害怕会发生的三件事。

3. 写下那个项目可能会带来的三件好事。不必考虑是否现实或有多少可行性，主要是你脑子里的想法。

4. 现在，想象你已经完成了那个项目，但是遭遇了严重的失败。想一下这对你意味着什么，并写下来。因为问题的关键不在于失败本身，而在于我们为失败赋予的意义。

5. 现在，想象那个项目取得了巨大的成功，比你最疯狂的设想还要成功。快速想一下那会是什么样的画面，然后写下那对你的意义。

每个人对这个练习都有独特的反应，这是我喜欢这个练习的原因之一。没有正确的答案——只有自己的答案。

我有一个客户，名叫朵恩，是一位画家。她意识到自己已经把"不能打理好房间"和一个主妇、一个妻子、一个母亲、一个人的失败画上了等号。但是当她想象自己成功地打扫了屋子时，她写道，那意味着"我是有能力的，我是个成年人，我理应走出屋子，读一本书，骑骑马"。她说自己已经有五个月没有骑过马了，因为她觉得自己不配有任何娱乐。

我建议她把骑马和阅读放到必做清单里的前面。毕竟，她已经尝试了"如果朵恩没有打扫好屋子就惩罚她"这个办法，结果并没有奏效。所以我建议她试一下这些策略："让我们提醒朵恩，她拥有多么美好的生活啊。让她不要在意一间脏屋子，让她开心些；或者，她可以和孩子们一起打扫屋子，把它当成一个集体项目；或者她可以雇别人来做；或者她可以先从骑马开始，那对她更容易些。"

在那个学期中，有一位名叫吉塔的作家有了这样的洞见："当我自问失败意味着什么时，就会立即出现一个念头：'那意味着我努力过了。'当我自问如果项目成功了，那意味着什么，我会想：'好吧，那意味着我努力过了。'你看，我能得出同样的结论。所以，我对一个项目是否成功的想法完全取决于我怎么看待它。"

与其专注于失败的意义，不如试着专注于努力的意义。

● ● ● **小改变行动步骤**

想象一下朵恩的故事的结尾。你怎么看这件事？如果你允许自己先做喜欢的事，不再因为不做其他事情而自我惩罚，你会怎么样？

● ● ●

54.

生活并非

只有一个方向

你觉得如果自己得到了足够的嘉奖，你就会感到满足。你最终会欣赏自己。但那只是个神话。

列举你最重要的五个成就。你在所处领域的顶尖人才中排名前 95%，是这样吗？那有用吗？你是否对自己不太狠？当然不是。

你只能看到自己做得不够好的地方，觉得所有人都做得比你好。

你觉得自己落后，但你没有。你是完美的。

你认为生活是一场赛跑，你要么赢要么输。这种想法是很蠢的，但我们总是这样想。生活是一条路，成功是一把梯子，时间永远向前行进，而我们知道这些都不是真的。

我们站在流沙之上，我们的想法、感觉、知识和生命都在四处滑动。

时间在我们身旁永不停歇地流动，能毫不费力地把我们扔回到三年级的某一天，或是某一次湖边的野餐聚会，又或是某个漫长而可怕的夜晚。当然，在所有不可靠的事物中，时间还不是最不可靠的。如果我们认为生活是线性的，那么就是欺骗自己，置自己丰厚的经验于不顾。

那个愚蠢的线性思维导致了自我牺牲的想法，例如"我应该比现在更成功""看，那个人比我更成功"。

我们知道这些想法也是谎言，但是如果你只以时钟为准，就很容易让这些谎言溜进你的口袋，你背负着它，以此为信仰。

我们对艺术（爱）了解得越多，我们知道的就越少。

我们在地球上活得越久，时间过得就越快。

我们的财富增减不休，我们也逐渐认识到，相比一株西红柿的新苗或是一个8岁孩子大大的拥抱，金钱和地位不一定是成功的确切标志。

● ● ● **小改变行动步骤**

花一秒钟看一下你的完美生活圈，立即在不同方向上和"能量网"交叉。

● ● ●

55.

你得到的

就是你所求的

我的很多客户都有长期被低估的感觉——人们说你干得不错，但给你的报酬却少得可怜；人们说很欣赏你，但你仍觉得被忽略了。

我观察到的是：你得到的就是你所求的。如果你没有收到全部报酬，可能是因为你并没有提出这样的要求。

如果你觉得被忽略了，那是因为你的一些行为让人们觉得忽略你没有问题。就像在比赛时，如果你总是第二个到达终点，那么始终没法赢得比赛的局面就是你刻意造成的。

我有好几年都和一些人保持着邮件联系，他们对我提供的免费材料如饥似渴，反应热烈，但是我的收入很低。我聪明的朋友梅丽萨指出，我很少出售东西，当我开展一个项目或一个工作坊活动时，我实在太低调了。我的销售策略好像是这样的："这里的一大堆东西都是免费的，顺便说一句，还有些东西是收费的，但如果你不想要也不用买，我们来聊点别的吧，怎么样？"我害怕兜售商品会让我失去他们的感情。我把他们的感情放在我的收入之上。

结果就是，我获得的爱比钱多。我真正得到的就是我一直索求的。一旦意识到我可以既得到爱也得到钱，而且办工作坊活动、售卖产品和服务也是一种爱，我的收入马上就翻了一倍，然后翻了两倍。这真有趣。

所以，现在请你想一下你得到的是哪种回报。

你渴求的可能是感情，就像曾经的我一样；或者渴求的是赞赏。你喜欢的可能是社交媒体上的"赞"，或是性，或是表扬，或是安全感，甚至是不被赏识的感觉。最后一点听上去怪怪的，但是在我的生命里的确有过这样一段非常重要的时光。那时我非常努力地工作，报酬很少，同时不被赏识，可我却仍然非常喜欢那种生活。一点点的烈士情结，加上对牺牲和自卑的浪漫想象，就会让人产生这种奇怪的想法。每当我觉得被忽略了，这种想法就会让我确信自己一文不值、没有人爱，它让人熟悉也给人安慰。与问自己真正想要什么所带来的陌生的痛苦相比，我当然更喜欢"被忽略"这个熟悉的伤痛。

与问自己真正想要什么所带来的陌生的痛苦相比，你是否更喜欢"被忽略"这个熟悉的伤痛？

自我概念就是这样对你从生活中得出的结论施加影响的。而正是这些结论给你指明了需要成长、成熟和全力以赴之处。

换言之：我以前觉得"心想事成"这个说法就是向你承诺"如果你能想到，就能做到"这样的心灵鸡汤。但是后来我明白了，这句话诚如字面所言。看看这个过程：

步骤一：你有一个想法。例如，你可能会想"我可以写一本书"。

步骤二：如果你的自我形象符合"我可以写一本书"这个想法，你会开始行动，最终这件事成了。你有了自己的书。

另一个步骤二：如果你的自我形象不符合"我可以写一本书"的想法，同时你还有很多妄自菲薄的想法，类似"是的，但是这些之前就已经说过了"，或是"我不知道怎么做"，你就不会采取行动，最终一无所获，也就是没有自己的书。

你有了一个想法，然后用某种方法行动起来，最后得到了某种结果，你看着这样的结果说："好吧，我觉得我已经做到最好了。"接下来，你不断地巩固之前的想法，强化同样的行动，得到更多同样的结果，你就是这样陷入停滞的。幸运的是，你很容易再倒回去，弄明白你的问题是什么。你所处的现实境遇和得到的结果是怎样的？这些结果是如何与你对自己和世界的看法相匹配的？有什么新的想法会让你得到更好的结果？

●　●　●　**小改变行动步骤**

反复思考"所得即所求"的意思，因为这和你的自我概念有关。它会带你走向何方？

●　●　●

56.

你为什么

害怕成功?

我以前觉得不会有人真的害怕成功，但是我错了。

我看到有人故意让自己显得渺小。我看到有人制造危机，只是为了从一个看上去太成功的项目中转移能量。我看到有人在事业上自缚手脚，只是为了不让事业发展得太大。我看到人们把成功从身边赶走，就好像成功是只讨厌的苍蝇一样。

我记得一位名叫乔的设计师，她告诉我她很穷，但当有人问她是否想要代金券时，她却回答："不要。"

我尽可能耐心地向乔解释说，代金券就是白给的钱，可以免费获取。试想一下：有人想给你钱，而你只需要在表格上填写个人信息，然后再递回去。

可是乔一边抱怨自己穷，一边放着白给的钱不要。可见，她被困在自己没钱而且钱很难挣的想法中，索性忽略了任何容易赚钱的机会。

赶走金钱、成功或爱情，会不会让你感到后悔？是否曾经有人给你介绍过各种机会？你是否因为害羞或者还没有"准备好"而拒绝了？有没有简单的方法来提高收入？又或者，如果不是因为一直抵制自己的想法，你是否已经拥有那个所爱之人了？

有时候，你的无所作为令你注定无法成功。我的一个朋友得到了一大笔新书的预付款，于是她自费进行了一场图书宣传之旅。她跑遍了全国，举办活动和读书会，吸引了许多人。直到回家后，她才发现自己没有从参加活动的读者那里记下一个名字或联系方式。她历经辛苦才有了自己的忠实读者群，结果却亲手切断了与这些人的联系，无法再给他们提供自己更多的作品了。她就这么把机会赶走了。

有时候，你的无所作为令你注定无法成功。

有一个绝佳的、老套的逃避方式。我们通过拒绝打电话、递申请、出书或说出自己的想法，来确保成功找不到我们。我们不让身体处于巅峰状态（甚至是基本的状态），不再尝试新的事物。我们通常觉得如果什么都不做，就不需要下决定了，实际并非如此。不进行创造性的工作，就是决定要继续对当前的情况不满意。不提高自己，就是决定限制自己的收入。不好好保养车，就是决定要换一辆新车。即使是拖延做决定，或是被动做决定，你依然选择了一种行动——不行动，由此会导致一个确切的结果。想要不一样的结果？那就停止逃避。

● ● ●　**小改变行动步骤**

　　写下你曾经赶走金钱、成功或爱情的一种方式，然后采取全新的方式来迎接它们。

● ● ●

57.

害怕的

解药

在我的著作《完成它：每天 15 分钟，从拖延症到创意天才》即将发行前三个月，我发现自己有轻微的恐慌。我很担心新书的发行情况，亲自安排了所有的宣传活动和媒体采访。推销图书的方法有一百万种，而我想要确保自己选择的是正确的方法，并且执行到位。同时，我又不想承担太多。碰巧，我的团队名称就是"承担了太多的她"，所以我几乎没有时间休息。

在一期冥想课中，我有了一个小想法，后来这个小想法帮了我的大忙，并且一直安抚着我。我看到自己好像身处一个大马戏团的帐篷内，周遭的一切都很混乱。我站在高高的钢丝台上，知道自己必须迈步走上钢丝，走到另一端。这好像不可能。然后，我听见一个沉稳、智慧的声音："不要在意那个马戏团。你可以忽略所有事。"突然，我戴上了眼罩，低下了头，周围的事物都变得模糊了。我只能专注于自己的双脚和眼前三四英尺的钢丝。那个声音接着说："把你的手搭在我的肩上，让我带你走过去。"在我的精神世界里出现了一个强壮的男人。我伸出一只手搭在他的肩上，他就带着我一步一步走过了钢丝。走到一半时，我开始害怕，那个声音说："如果钢丝离地面只有几英寸，你就不会害怕了，是吧？诀窍就是不要注意你站得有多高。"

高空走钢丝的诀窍就是不要注意自己站得有多高。

我无须在意视线范围以外的任何事情，只要低着头专注眼前的每一步，相信自己是被引领着的，这种想法会让人十分安心。我的祷文变成了"要感恩，沉着，专注于事业"。

● ● ●　**小改变行动步骤**

　　如果你相信某个人能够带你走过人生的高空钢丝，那会是谁？想一下这个人或团体，再想一下他们现在会对你说些什么鼓励的话。

● ● ●

58.

成功会让你

变得自私吗?

我发现,"人一旦成功,就会变得刻薄或自私"这种想法有点滑稽。我知道世上有很多这样的故事,有人从中学到了重要的一课——不要被成功的陷阱所迷惑,因为它会让人忘了什么才是真正重要的(家庭、根基、真实、诚恳)。但是以我的经验来看,好人总归是好人,想得周到的人总会想得周到,不管他们变得多富有或多成功。所以我觉得,更好的说法是:如果你现在不自私,那你将来也不太可能会变得自私。

好人总归是好人，不管他们变得多富有或多成功。

如果成功能让你变成一个更好的人呢？如果成功能让你更有爱心呢？如果成功能让你更有创造力呢？

让我们再来看一下常见的想法：富人要么是坏人，要么很吝啬，要么挥霍无度。如果财富能够为你钟爱的慈善事业提供更多助力呢？如果你有能力雇用更多的人，甚至只是帮助身边的人，就可以为更多人提供环境良好的工作岗位，使更多的家庭过上更好的生活。如果你花更多的钱，就能更好地扶持小型企业、餐厅和城镇里的服务人员。如果你把它作为职业的头等大事，或许你就能为别人打开一扇机会之门。

试试说这些话：

成功让我更受欢迎。

成功让我更勇敢。

成功让我更和蔼。

成功让我更平和。

当我成功了，我身边的每个人都会因此获益。

●●● **小改变行动步骤**

你希望成功给你带来怎样的影响？你今天就能

做出这样的改变吗？

●●●

暂 停

天赋盒子

亲爱的"神":

已经有很长时间,我不确定我是否还有任何天赋。

我记得以前很擅长运用它。

在我知道它是天赋之前,我很擅长运用这点。(我只是觉得每个人都能做到这点。)

它就这么自然地发生在我身上。真是有趣。

但是那个天赋已经藏在储物柜背后高阁上的盒子里很久了,我怕它再也不灵了。

我怕我努力的话看上去会像个傻子。

我怕我还没分享我的天赋就死了。

困在各种害怕之间,我就动弹不得了。

镇静,你说,你知道我就是"神"。

好的,不是动弹不得,而是镇静。镇静。镇静。

在镇静中,我记起来你开始给我的天赋就是这个。

在镇静中,我可以争取向上,掸掉我天赋上的灰尘,可能还会开始琢磨它。

去体验吧。

你知道，"神"啊——这真的能很有趣。

爱你的我

59.

你的团队

正在找你

　　你已经稳居自我的中心和生活的中心，并且越来越相信自己的直觉。现在，是时候突破自我，学会和其他人接触了。这些人就是你的团队成员。

　　安德鲁·所罗门在他的著作《远离那棵树》中指出，虽然我们生来就属于各种团队（家庭、地域、母语区和所处的时代），但我们注定还要寻找能让自己的独特之处得到肯定的团队。想想你第一次在家以外的地方找到家一般的感觉。对我来说，那是在剧院里发生的。但是对你而言，可能是在篮球场上，在象棋俱乐部里，在漫画大会中，在感恩至死乐队的演唱会上，在马术中心，或是在学校后面的小巷里。

我听说过一个名叫"嘎嘎粉"的团队——这是一群中年女性，喜欢穿"嘎嘎工厂"（译注：Quacker Factory，品牌名，中国似还未引进这一品牌，没有明确的中文名称。）制造的带有鲜艳的珠子和镶花的汗衫。她们在旅行时穿着这样的汗衫，在机场就能辨认出彼此，碰面时都会打招呼说："嘎嘎嘎。"我简直爱死这种打招呼方式了。我觉得世界上真的缺少一种异想天开（即使是一种蹩脚的异想天开），我爱它是因为有这样一个公司刻意忽略时尚，而是注重有趣、笨拙和优质、老派的友情，而且这家公司在 2011 年的总营收超过了五千万美元。这真是个厉害的团队。

想想你第一次在家以外的地方找到家一般的感觉。

当我们和相似的人聚在一起时，就能得到大于自己的力量。我们会获得想法、机会和友谊。我们突然有了一个杠杆，能够用很小的能量换来巨大的回报。举个例子：如果你想为你选择的慈善机构筹集 25000 美元，那么从自己的工资和积蓄中拿出这笔钱可能很难。虽然这是可行的，但这意味着大多数人可能为此要每月捐 100 美元，捐上 20 多年。但是如果你在一个由 100 个热衷于慈善事业的人组成的团队里，你们每个人只要一次捐 250 美元，一个月就能达成目标。而且，可能这 100 人里有 20 个人能筹到更多资金，或许只靠他们就能筹到原计划的数目，所以现在你就筹到 50000 美元了。可以说，50000 美元已经能够吸引更多的人来支持这项慈善活动了。你的 250 美元就这样被其他人扩大了，因为你是团队的一部分。

要想改变生活，就不要完全靠自己，或是和错的人合作。找到合适的团队会加快你的转变，并且会引领你实现在大多数人看来不太可能的巨大飞跃。

当你拥有了一个合适的团队，就很容易找到重要的资源，例如房产中介或医生。合适的团队会帮助你找到一份工作、一个配偶、一双很赞的新鞋。更赞的是，你能为你的团队服务，向欣赏你的团队贡献时间和智慧。合适的团队喜欢你，就像你喜欢自己一样。他们就是你的啦啦队，你要负起责任，并且成为更好的自己。

合适的团队喜欢你，就像你喜欢自己一样。

我所说的团队不是你的家庭、朋友、同事，或是你所在的精神互助社团。而是能够让你的独特之处大放异彩的一群人。这些人或许不在意你每天生活的细节，不会让你保持不变（而这通常是你的家人和朋友想要的，因为他们想确保你的安全）。他们会激励你变得更好、更大胆、更勇敢，让你比之前更忠于自己。

寻找团队看似困难，但其实比你想象的简单。特别是现在，我们有了互联网，你可以和全世界想法相同的人在第一时间取得联系。

和团队在一起，你就能够改变世界，改变自己。此外，还有一个重要的好处，就是能够抵御盛行的孤独。如今，人们看似联系得更紧密了，实际上却变得更加疏远。在杂货店排队时，在候诊时，或是在机场时，我们不再小谈片刻，而是都在看手机。我们通电话的时间也越来越短，几乎刚接通就挂断了。

有时候，无论发生什么，你都会感到孤独。而你必须完全靠自己来面对最艰难的挣扎。一个好的团队会站在你身边，陪伴你度过那些试炼，为你指出一条通往光明未来的大路。

比如，我很高兴加入了一个由教师、作者、教练和治愈师组成的团队，他们都关心有意识的创业精神。我们一年聚会一两次，而且每个人的圈子之间有所重叠，所以我们见面相当频繁。我们还有一个私下的脸书群，我们在里面提问、分享伤心事、分析道德困境以及庆祝我们的胜利。能有一群相信"为善者诸事顺"的同道者，真是很开心的事。我们还积极回答个人发展中遇见的诸多大问题——我们所做的对人真的有帮助吗？我们怎么确认有没有帮助？我们对成功的定义是什么？以及涉及定价、知识产权（当你的智慧结晶没有版权保障的时候，就会有麻烦）的伦理问题。我们分享策略、洞见和悲惨的经历。

团队是通往美好未来的门票。所以，让我们想办法拥有自己的团队吧。

● ● ● **小改变行动步骤**

说出五个你所属的团队和对你有影响的团队，

今天就向其中一个团队表示敬意吧。

● ● ●

60.

成功构建和运营

团队的 20 条建议

我看到很多团队都受装腔作势、诽谤、拖延、权力之争和抱怨等问题之苦，我觉得有几点需要阐明。以下建议有些可用在商业团队中（你的客户群、粉丝团和同行们），其他一些可能对你的家庭、合唱小组、足球俱乐部或编织同好圈更有效。

1. 任何团队里最重要的都是氛围。（有的人可能会用"文化"来代替"氛围"，但我觉得"氛围"这个词更有趣。）

2. 关注理解你的人。你或许可以忽视不理解你的人。比如，喜剧演员只关注喜欢并欣赏他们的笑话的人，而不在意那些觉得他们的表演粗鲁、喧哗或不得体的人。把注意力放在理解你的人身上。永远不要尝试改变、说服或逼迫任何对你要做的事并不感兴趣的人。祝福他们，然后放手。

3. 要记住，有时候你团队里的人会和你争论，甚至像是在找你的茬（看似与第二条矛盾）。假如他们是通过电邮和我交流，我的策略是等上一天，然后回信谢谢他们和我分享他们的想法（至少他们重视你才会来伤你的心），并尽可能从中找到我所认同的部分，因为通常他们说的有些是真话。我不会为我不感到抱歉的事道歉，我也不会向他们解释与他们无关的事，但我会承认他们提出的好观点并采取适当的行动。

我数不清有多少次曾收到一些来信，人们在信中批评我在公开场合或私下里说过或做过的一些事，而当他们收到我的回信之后，再给我写的信就十分温暖，像绵羊一般温和。有时候，人们就是想被倾听。

有时候，人们表现出拒绝你的样子，是为了求得特别的邀请。我称其为"快来注意我"。有人会写信和我说，他们决不会参加我的任何一个工作坊，即使他们可以参加。我会等上一天，然后回信说我完全相信这一点，并且加一句，但凡他们改变了主意，我很欢迎他们参加。最后，他们十有八九都会参加。

4. 和团队交流时表现出你真正的个性。如果你有黑色幽默感，就用上它。如果你多愁善感、情感丰富，就展现出来。不要担心看上去太忧郁或太多愁善感。因为你的团队里都是与你相同的人，他们会因此而爱你。压抑天性会让你显得无趣——事实上你并不无趣。（当然，如果你的团队的特征就是"无趣"，这样的话，就继续吧，去做两件印有"生而温柔"的文化衫。）

5. 用非语言的方式来描述你的团队的本质。风格、颜色、规矩、节奏、日常饮食、习惯、传统、衣着、装饰、问候和致意，这些都能体现和突出你的团队文化。

6. 如果你和谁聊得来，就用简单愉快的方式和他们保持联系。如果聊不来，那就不要再联系。你要和能鼓舞你、让你大笑、令你信任的人交流。是这些人让你变成了最好的自己，和这些人在一起，你可以做到最好。你不信任的人，或是让你感到自卑、不受重视或不被理解的人，都不值得你浪费时间。当然，没有必要表现得粗鲁，只是不要再找他们了。

你要和鼓舞你、让你大笑、令你信任的人交流。

7. 只和比你球技好的人打网球。和那些在你擅长的领域里比你做得更好的人相处。找到你钦佩、尊重同时也尊重你的人。你一开始或许会觉得高人一等，但是最终会意识到人外有人，明白自己要加把劲儿了。

8. 同时参加多个团队（异花授粉多美好）是有益的，而且最好不要总是当团队负责人。你可能从属于一个同行团体，同时领导一个客户、粉丝或员工的团队。

9. 永远不要对任何人说任何你自己也不愿意承认与自己有关的事。无论是在网上还是私下里，如果你偏要说给对方听，那就看着办。如果不是，那就把话放在心里吧。

10. 像你想吸引的人那样生活。你是不是想吸引那些总是准时支付账单的人，那些说会出现就一定会出现的人，那些总是付出最大努力的人？那就要确保你也能够支付得了账单、准时和努力。你想吸引那些欢乐、开朗和大方的朋友？那你也要变成那样的人。

11. 寻找不只是双赢的方法，还要让更多的人共赢。在组织年度活动时，我会尽力让与会者、演讲者、酒店、我的团队和自己都受益。去年，我们赠送每位与会者一个水杯作为礼物。这让与会者感到了关爱，也意味着演讲者拥有了注意力更集中的听众，因为每个人都可以轻易地补充水分。酒店不用处理更多垃圾，因为我们不再使用一次性水杯。这也是我一次很好的市场营销，每个人带回家的礼物上都有"有组织艺术家公司"的标志。每个人都赢了。同样的问题需要你在慈善派对、家长教师联谊会，或是禅与箭集会上考虑——你怎样做决定、举行活动、制定策略能有利于每个相关的人？

12. 要友善。友善是一项被严重低估的商业技能和生活技巧。当你沉着冷静、以善待人时，就会惊奇地发现，不可能也会成为可能。你是否曾见到过有人在客满的饭店前台，试图通过大吵大闹得到一个位子？你是否注意到他们通常不是第一个得到位子的人，而且他们几乎都不会得到免费的甜点？

当你沉着冷静、以善待人时，

就会惊奇地发现不可能也会成为可能。

13. 写清合作协议，特别是涉及钱的时候。花些时间来厘清你的协议、期望和许诺。弄明白你愿意承诺什么，界限在哪里。不要假设每个人都像你一样。趁着起初大家都心情不错的时候，就商量出一个能共同接受的退出策略。所有的合作关系最终都会结束，所以你从一开始就必须决定自己想怎样结束。

14. 避免物物交换。这点让我感到沮丧，因为，原则上，我喜欢物物交换。然而，在实践中，我注意到每个使用物物交换的人都觉得自己吃亏了。如果你想和某人做交易，我推荐你们互相给对方写支票。比如，如果杰夫准备替苏茜管理社交媒体，作为交换，苏茜每周替他照看狗三天。我会建议他们决定一个合理的价格，然后每个人每月给对方开一张同等面额的支票。这就是在商言商。如果你是个作家或者商人，根据你的服务开出市场价，会让你看上去更正规。

15. 设定为团队中的人提供帮助的限度。如果你跳踢踏舞圈子的朋友开始向你请教法律方面的专业意见，或是在鸡尾酒派对上被问到作为一个承包商你有什么建议，那可能会很难回答明白。我的原则是，如果对方问的问题我能在10分钟内解释清楚，我会乐意提供帮助。如果超过 10 分钟，我就会温柔地引导他们预定我的私人咨询。有一个例外，如果请求帮助的是值得信赖的同僚，我通常不多考虑就帮助他们，因为分享有利于我们的共同利益。

16. 确保你的团队能为你的投入提供回报。你当然想要贡献自己的力量，但是也要确保你能够在团队中得到滋养，你在团队里所花的时间和你得到的回报必须是相称的。（回报可以是情感上的、精神上的、智力上的、创造性的、财务上的，或是以上的组合。）

17. 不要拔苗助长。优质的关系需要时间搭建。结识朋友，保持低调，观察并且从团队中学习。渴望被注意和被欣赏的自然本能会让你像七年级学生一样紧张。记得你已经被（"能量网"）关爱了，记得你有足够的时间来让这些人记住你，这能让你有喘息的空间，并能做出明智的决定。

18. 当事情发生了，就随它们去。以我的经验，如果一个项目或一段关系开始时就缺乏沟通、混乱、怪异，那么它几乎永远不会变好。提防那些古怪的人、疯狂的人还有胡言乱语的演员，在你察觉到氛围开始有些糟糕的时候，及时跳出来。

如果恰恰相反，事情开始变得更妙、更流畅、更有趣、更轻松，那么你就无须等待更多其他证据了，尽管和对方达成协议。

当你要与团队成员建立更深层次的关系时，你要相信自己的直觉。你比自己想的更善于看清人。当你愿意深入了解真相时，就会非常擅长认人。如果你仔细观察、倾听，就会注意到，在相识的前几分钟内，对方就已经告诉你他们是什么样的人了。

19. 运用能体现你价值观的词去交流。如果你和某个人或某个团队之间出现了问题，最好能提醒他们注意你的一些价值观。你或许会说："我一直爱这个团队的原因，就是我们是如此真诚和毫无保留地对待彼此，但我真的觉得我们现在有点不对劲。"或是："你知道，我爱作为同事的你，是因为你是如此的包容，而说实话，我发现你最近有点变了，不知道你是不是一切都顺利？"这种说法让你显得很负责，就好像是说："看啊，我为自己是一个好的倾听者而感到自豪，但是我似乎很久没有好好听你说话了。"这是一个很棒的方法，能让你了解到自己的不足之处，并且避免陷入不必要的自我惩罚中。

20. 享受零食。"进餐"这个仪式是任何团队里的重要部分，当知道有美食可以享用时，人们就更愿意参加团队活动。优质的餐饮（即使只是一杯好茶和一块饼干）花费并不会很多，但它会激发不少忠诚和善意。

● ● ● **小改变行动步骤**

　　现在就为你的团队做个贡献。可以是一条社交网络信息、一通电话、一次捐款、一项服务或你能想到的任何事。

● ● ●

61.

你当然在意

"不合群"这件事

对于异常聪明、有创造力、敏感或是有其他天赋的人而言，构建一个团队或许不太容易，部分原因是我们有点……怪。（值得一提的是，"奇怪（weird）"的词根与"命运"的意思有关，它源自古英语单词"wyrd"，意思是"有能力掌控命运"。）但是，我们怪是因为我们很特别。我们是怪孩子，因为我们有不同寻常或超凡的天赋和技能，那些天赋和技能或许为我们赢得了成人或同辈的赞誉或注意，也或许没有。我觉得我们害怕的是，如果我们放弃了自己的古怪和特别之处，那就意味着我们允许自己平凡，并且让自己失去了卓越之处。

如果在学校舞会上，你是站在体育馆最外围的孩子，或许感觉在那里很不自在，那么我完全理解你。但是相信我，在体育馆外，在迪斯科舞厅里，你会发现自己受到了欢迎。

我们是奇怪的孩子，是有自己使命的孩子，是不完全属于这个世界的孩子。

所以，如果你在一个团队中感觉紧张，要记得你原本希望的并非如此。你希望身边的人只爱真实的你，能够注意你并且欣赏你，能够帮助你也接受你的帮助。这些人不总是很难找到，但是想找到他们要费点工夫。

或许你像我一样害羞内向。（我知道，没人相信这点，因为我看上去好像不是这类人，但是我的确如此。）或许你曾经在团队中有不幸的经历。是时候跨过去了。我们需要克服这些局限，因为我们希望从生活中得到的一切都要通过他人来实现。所以我们必须超越害羞，超越恐惧。我们必须突破社交经验，寻找"能量网"中正在试着和我们建立连接的人，这样我们才能说自己的确想要找到他们。

多年前，我曾经努力摆脱勉强自己和自我批评的坏习惯，于是我让自己抽离出来，在一家小小的法式餐厅吃了顿美味的午餐。那很不寻常，因为我从不像一些人那样会没来由地一个人享受美食。那顿午餐让我精神一振，我决定步行去两个街区以外的一家我喜欢的旧书店。当我要穿过其中一条街时，一辆车从一条小路驶来，通过速度很难判断它是要停下还是让我先过。在最后一刻，司机停了下来。当穿过街道时，我想："是啊，这就对了——他们应该停下来的。我有权这样，我有权出现在这儿。"

突然间，世界好像打开了新的大门。我从来没有过这样的念头——"我有权出现在这儿"。恰恰相反，我曾经的生活就好像我没有权利待在这个星球上一样，就好像我不得不努力工作才有资格生活在这儿。我经常觉得自己好像不属于这里，而像是被囚禁在这里。我觉得自己是一个外星人。这个念头让我迷惑，感觉头晕眼花。我曾无比气馁，以至于犹豫不决，自我封闭，让我总是与"我有权出现在这儿"这种想法背道而驰。

如果你从没有过这种想法，那就朝前走，大声说出来：

我有权出现在这儿。我有权享用这些空间，有权拥有自己的想法，有权分享我的天赋，主导我的生活。

我走进旧书店，那里就像一个摇摇欲坠的兔子窝，书从地板一直堆到天花板。我在一个角落里找到一把堆满杂物的废弃座椅。我在那儿坐了一会儿，想象如果我一直像此刻这样，我的人生会有多么不同。

在受邀参加派对时，我如果真的相信主人所说的"不，不用带任何东西——你来就够了"，那会减轻多少负担？如果我相信人们说的"做你自己"，那会减少多少遗憾？如果我只做我自己，就像此时此刻一样，坐在这把破旧的座椅上，生活是否会更充实？

明确了这个想法后，我就把它作为了讲课的素材。我的一位名叫克里斯的学生是个演员，他在社交媒体上找到我，对我说，多年来他一直记得，无论是在外和朋友聚会，还是在试镜，或是在台上表演，他都有权利在那儿。

你正当龄，体重刚好，脾性完美，你就是你。

这个星球需要你，你必须存在。你正当龄，体重刚好，脾性完美，你就是你。没有人能取代你。我们需要你。你不但有权身处地球，而且享有特权。享受此刻的时光吧。

● ● ●　小改变行动步骤

　　　　无论你在哪儿，现在就用你喜欢的方式主张自

己的权利吧。

● ● ●

62.

做那头如彩虹般

闪耀的独角兽

　　当你意识到要面对一大屋子的人时，感到害怕并没有错。即使是那些最擅长交际的人，在盘算着说什么、穿什么、怎样应对新环境时，也会感到畏惧。对于我们这些恐惧社交、内向、害羞或只是讨厌人群的人来说，在家里抱着一本好看的长篇小说和一碗爆米花，躺在床上，才是最舒服的事情。（我知道还有人喜欢成群结队，不愿意长时间独处，虽然这让我觉得很神奇，但我同样钦佩。）

　　生活中的所有好事都要通过其他人才能找上你。如果你躲在床上，或是坐在电脑前，就很难遇见新的人。走出来，和新同事、客户、朋友见一面，这对你的生活、你的精神和你的工作都是有益的。

那么，要如何在团队中获得开心和有益时光呢？以下是我的独特建议。

步骤1：做那头难以捉摸且如彩虹般闪耀的独角兽。你不是芸芸众生中的一个，你是特别的。你的时间很宝贵，你的能量储备有限。你不可能满足每一个人，或是向每个人都递出名片。

想象一下你有点小名气了。你不需要出席每一个活动——事实上，最好不要都出席。出席那些让你感兴趣的活动，看上去要神采奕奕（参见步骤6），显得有点神秘没什么不好。

步骤2：达到一个小目标之后就休息一下。想想看，一次小小的成功可以让一天、一个晚上或是一个活动变得很有价值。一旦目标达成，就允许自己稍稍懒散一下。

或许你有个特别想联系的人，或是你想在一次会议上深入了解某个主题。为每次会议设置目标，让你在每一段时间内都有"狩猎对象"。比如，在做主题报告的时候，你要找到至少三个想法能够引用到博客上。在用午餐的时候，你或许想坐在不认识的人身边，问他们一些没有标准答案的问题，或者听听他们怎么谈论自己（参见步骤5）。

这个策略给你提供了一个可以参考的标准，当你开始感到疲倦、有压力或是崩溃的时候，就可以检查自己是否达到了这个标准，如果达到了，就休息一下。在安静的房间里好好休息15分钟，会对你产生非常神奇的良好作用。

我不是一个真正的瑜伽练习者，但是当我需要补充能量的时候，我通常会做这样的动作：躺在地板上，双脚抬到床上，或是抬高靠墙。让双脚比头高，同时脊椎平放在地板上，这样既能休息又能补充活力。

步骤3：设定一个大胆的目标。我曾经决定开启为开展事业的筹款之旅，我想筹集至少一万美元。我并不担心怎么做，只是先设定这个大胆的目标，然后时刻寻找机会。在我登上回家的飞机时，我已经找到了一家盈利良好的企业，帮我达成了目标。

大胆的目标能够启发让销售额翻番的绝妙想法。或许你想在社区里找一个志同道合的家长，想得到全国性的报道，或是萌发一个新的想法来改装自己的家。不要在意那些大胆的目标能否现实。你不需要知道具体该怎样实现它——它本身就是神秘的、富有吸引力的和冒险的。

你或许决定把大胆的目标放在心里，并把它当作一个秘密任务。又或许想要分享它。当你把它分享给聪明且支持你的人时，会发现转眼间就会梦想成真。

步骤4：欣然接受自己的命运。你可以假设一下——就当开玩笑——出现在你身边的每个人都自有其道理。你或许只想安静地观察他们，又或许想要发挥一下自己的作用。不管怎样，都要注意每个细节，不要先做刻板的预设。想一下这个人此刻能给你带来什么新闻、教训或信息。

步骤5：倾听。每当参加派对时，我都提醒自己唯一要做的就是当一个倾听者。我的确是这么做的。无论谁在我面前，我都会给予百分之百的注意力（而不是像好莱坞式的扫视全屋，从中找个特别有趣的人贴上去）。而且我在倾听的时候会保持温和的眼神交流，并且抱有这样的想法：这人真的不错。

这个策略不但让我免于总想说些自以为聪明的话，还让我给人以亲和的感觉。实际上，积极的倾听极具力量，你会吃惊地发现别人会如此热情地回应你。他们或许会因你给予的注意而有些飘飘然，然后他们会信任你。有些人会变得十分放松，以至于他们会突然从你身边走开。没关系。坚守你的界限，不要擅自做任何事。

当你只是专注于让人感到受欢迎、受重视、被倾听，就会很容易放松下来，这真是很神奇的事。

步骤6：看上去神采奕奕。当你感觉自己看上去不错，你的步伐都会格外轻快，你的眼神都会闪着光，所以在外表上投入时间和金钱是值得的。

我不是说你一定要穿得很时尚，或是花大钱赶新潮，但是要确保你的衣服是干净整洁的。没有什么比衣服不合适更让人不悦了（自己穿着也不舒服），要诚实面对自己，可以选大或小一两个号的衣服，让自己看上去更得体。不要只盯着一个尺寸不放，这没什么可虚荣的。每个品牌的尺寸都不尽相同，可能某个品牌的中号适合你，而另一个品牌则需要买大号。衣服的尺寸不能决定你是否光鲜、是否有吸引力以及是否有价值——那只是标签上的一个数字，我强烈推荐你剪掉它，然后忘了它。

你或许想理一个新发型（是的，甚至男人也有这样的想法）。如果你习惯化妆，那么可以用参加活动作为理由去美妆店或者百货商场的化妆柜台来次大采购，让自己改头换面。一个崭新的面貌会让你显得年轻好几岁，有些很棒的新产品、新配方或是化妆技巧，真的能带来奇迹。

特别要提一下鞋子：我精明的祖母经常说，你总是可以通过鞋子来判断一个姑娘。大多数情况下，她都是对的。这句话对男士更有效。一双好鞋是职业素养、好的品味和自我尊重的体现。无论是在舞池里打转，还是在会议中心穿梭，你的双脚都值得最好的待遇。买鞋永远不要买便宜货。

还要记得，在这些活动中，可能会拍大量的照片——自拍、合影以及纪念照——如果你觉得自己看上去不错，记得要阳光地微笑。

买鞋永远不要买便宜货。

步骤 7：提前计划你的后续活动。有人说，财富就在后续中。在活动后的某一天，专门拿出一部分时间来写感谢信，打电话，和那些对你的事业感兴趣的人安排预约。（当然不是所有人都真的对你感兴趣，有些人只是出于礼貌才这样表现，但是如果你不问就永远不知道是否如此。）

　　想一个有趣、真诚、独特的相处方式，以此面对一个、两个、二十个或两千个来见你、听你演讲或参与你事业的人。如果你盛装出席一个派对或活动，只拿回家一堆名片，然后就遗忘了，那么之前做的这些事情就毫无意义。

● ● ●　**小改变行动步骤**

　　你日程表上的下一个活动是什么？写下一个你想通过那个活动达到的目标或结果，以及你愿意采取的后续活动。

● ● ●

63.

你是否在

适合你的团队里?

不要想太多，立即写出以下问题的答案。

1. 如果你能想到一个比现在好一点的世界，那么它是什么样的?

2. 你热爱并欣赏的母亲（或者母亲形象）有什么品质?

3. 你热爱并欣赏的父亲（或者父亲形象）有什么品质?

4. 你的某位亲密好友有什么品质是你喜爱并欣赏的?

5. 你曾经因为什么品质而得到了表扬? （无论你是否同意这一点。）

　　这些词能够反映出你自己最好的品质（惊喜吧？！），而且这些品质也是你最喜欢的人拥有的性格。它们体现了你的价值观。仔细看看这些词，寻找符合这些品质的人。

● ● ● **小改变行动步骤**

审视你所在团队里的人。他们是否符合这些价值观？如果不是，那就不要把时间浪费在这里，无论他们表面上看起来有多好。

● ● ●

64.

我们都一样，

独特而又相似

选择相信人最好的一面，是我精神准则里重要的一点。我努力不去评判别人，即使有时做到这点很难。我逐渐意识到，评判别人不是我应该做的。而我越努力在人们身上寻找优点，发现的优点就越多。我不介意别人认为这样的态度过于盲目乐观。我并非看不到别人的肤浅、残忍、轻率、自私和纯粹的刻薄——我只是选择忽略这些。

我努力不去评判别人，即使有时做到这点很难。

我发现，想一想我们和他人的相似之处，以及我们与祖先有多相像，能够让我们放松下来。我喜欢想象数千年前遥远土地上的一家人围坐在一起吃饭时的场景：叔叔说着粗俗的笑话，小孩子听不太懂，而刚刚再度坠入爱河的少女眼里闪着光。你能想象这个画面吗？我发现我们的共同点都非常可爱。

关注我们和他人之间的共同点，有助于避免想要指责他人的糟糕倾向。我是个相当宽容的人，但是我偶尔会发现自己有这样的念头："不，你不能那样。"身边的人对我都像爸爸对待自己的小公主一样，我却总是对他们发牢骚。我强烈地反对刻意的忽视。戏弄人会让我很生气，特别是成年人戏弄小孩。每当人们对这个世界冷嘲热讽或是感到厌烦时，我也会被惹怒。所以，现在每当我看到自己不认同的人时就会想："我也那样。"

一群坏小子惹人生厌——我也那样。有些人胖到危及生命——我也那样。一个人非常漂亮、穿着优雅——我也那样。一位母亲在超市大发雷霆——我也那样。她的孩子号啕大哭——我也那样。

　　我觉得认为别人和我们不同这种想法有些滑稽，因为我们显然完全相同。如果把全体人类集合在一起，一丝不挂地站在宇宙这个大橄榄球场上，然后后退两步，朝人群瞥一眼，你根本无法分辨谁是谁。你看不到最矮的人和最高的人之间有任何差别。你无法分辨男女的不同。你无法察觉到肤色、体重或年龄上的细微差别，而这些差别在平时是如此引人注目。基本上，我们都是一样的。当我记住了这一点，就很容易以平常心看待那些我不认可的人，并且牢记我们有多少相同之处。

　　我们都想要同样的东西。每个人都想要被爱、被欣赏，都想让自己的工作举足轻重。每个人都想要抚养漂亮的孩子，享受美食，大笑，有好故事可讲，夜里能睡个好觉。我只要记得这点，就很容易对那些让我心烦意乱的人报以同情。

　　所以，我们都在这个世界上生活。我们看上去很像，想要同样的东西，并且以同样的方式交流。人类的很多交流都是不需要语言的，我们的很多肢体语言能够超越时间和文化。人们在大笑时总会捂着嘴，在受到训斥时总会绷紧全身，在生气时总会怒目而视，也总会咕咕咯咯地逗婴儿笑。我们和彼此分享同样的肢体语言。(德斯蒙德·莫里斯在1977年写的《人类行为观察》,我猜已经绝版了,而且显得有些过时,但是书里仍然有很多精彩的段落和极具启发性的照片。)当我看到人们脸红、咆哮、微笑、大哭或是以人类常有的方式拥抱时,很容易就能想到我们都是一家人。

我们总是根据很小的差别做巨大的决定。他是个民主党。她是个法国人。他是素食者。她是有钱人。黑人。白人。太平洋岛民。纽约人。同性恋。低咖啡因抹茶无沫拿铁。好像这些很重要似的。我记得曾在哪里读到过,如果外星人来到地球,他们惊讶的或许不是我们有多暴力,而是太平和了。像我们这样体型巨大的哺乳动物能活着——如此努力地活着——竟然还能彼此这么接近,这真是太不寻常了。黑猩猩需要的"地盘"几乎有100平方英码大(约等于83.61平方米),每天只和8到10个成年黑猩猩的小群体相处。但是我们人类喜欢聚集在一起,在餐厅、商场、百货大楼和体育馆里成群出现。每当想到大多数时候我们人类能平和地互动,甚至能大规模地群体行动,我就很容易将暴力和破坏视为一种反常,而非我们的本性。

我也知道，个人身份不像我们告诉自己的那样固定。随机应变是我们最好的生存机制。我们在行动前能快速调整自己，以适应那些看上去不可能的事。即使是最极端的情况都能在短得让人咋舌的时间里变成"新常规"。灾难救援人员会适应可怕的场面和气味，做错事的人会适应监狱里的规则和等级。如果你像80%的成年人那样成为了父母，你就会知道一个人能够快速地适应房子里有了个新宝宝这样颠覆的场景。我敢说你们中有些人已经习惯了整天坐在办公室里这样的恐怖场景。你或许会说你讨厌改变，但是改变肯定爱你。每当想到我们可以飞速地根据环境改变自己的行为，我就很能理解人群为何会变得混乱，官僚们为何会忘了该怎样笑，以及同辈压力为何会引发恶言恶语或者令人做出草率的行为。

你或许会说你讨厌改变，但是改变肯定爱你。

所以我看见人的这些共性，而我也注意到了你。各种品质组成了特别的你。没有人和你看待世界的视角是完全一样的，没有人处理信息的方式和你完全相同。一旦你离开了，独特的你就再也没有了。这就是为什么你仍在这里做只有你能做的事，这很重要。当我想到你的身体、你的个性是不可复制的，此时你的生命在流逝，我就会珍惜你，这很自然。我看见你的独特之处，就会想："我也那样。"

每当想到"我也那样"，我就觉得自己融化了。我从优越感中挣脱出来，进入同一性的回忆中。我看见我的姊妹兄弟，他们都是如此的脆弱和不完美。我感知到了"能量网"。我从中看到了自己。

● ● ●　**小改变行动步骤**

想着一个你不认同的人，然后列出你们完全相同的五个地方。

● ● ●

65.

你不可能和

每一个人同行

　　你或许听过商人、励志演说家吉姆·罗恩的话："你的状态就是和你相处时间最多的五个人的平均值。"换句话说，你可以观察一下和你相处时间最多的五个人，你会发现自己的体重、收入、生产力、积极性和声誉可能都处于中间位置。

　　所以，当你改变生活时，几乎不可避免地发现你也在改变自己的同伴。你或许会急迫地想要让你当前的团队和你一起改变。我可以向你保证，你最终只能改变自己。

　　事实上，我的朋友沙斯塔·内尔森在她的著作《友谊不会就这么发生》中说，我们每七年就会丢失一半的亲密朋友，同时会交到新的朋友。这样的事通常是一点一点发生的，社交和工作团队里发生的改变会相当自然且平淡无奇。我的客户经常会担心如果他们的生活或经济状况发生了改变，他们就不得不和朋友或家人分开，但事实通常并非如此。当你深入企业家的世界，或是精神发展的世界，或是飞盘高尔夫的世界，或是漫画的世界，或是任何吸引你的世界，就会自动全身心投入新的团队。新的团体并不会夺走你对第一个团体的爱：相反，它提高并加深了你对所有团体的爱。

有了新变化就总想把好消息传给老朋友们。你会想："这样肯定会很棒！""我等不及要带他们一起参加下一个活动！"新手都会犯这样的错误。虽然可能你以前圈子里的一两个人会想参与你现在做的事，但通常来说都不太可能。但这完全没关系。要明白他们是对你的事业缺乏热情，而不是疏远了你这个人。即使你对新发现的兴趣热情如火，你也能想办法照顾其他人的情绪，找到更容易交流的话题。

每个人都有自己的路。对别人走的路抱以尊重，就像别人尊重你一样。不是每个人都对你的路感兴趣。你不能让每个人都与你同行，当然这不应该成为你原地不动的理由。不做出改变，是因为你害怕丢下一些人后你们都会进展不顺。抱有善意，目标清晰，不断前行。

最后，一段关系结束了，不代表这段关系就是失败的。所以，那些给你死亡般痛苦感受的东西，实际上可能是通往更好生活的邀请函。

● ● ●　**小改变行动步骤**

　　花些时间想一下在你生活中重复出现的人。有些人来了又走，又再次回来，而有些人永远不再出现。进行"五分钟艺术创作"，为你想到这个问题时脑中浮现的一个人做一张问候卡（你永远不必寄出去）。

● ● ●

66.

最后:

我的完美生活

今天是个好日子。我在拂晓时分醒来，看着圣伊内斯山。暗蓝的天空逐渐变成粉色，最后完全亮起来，充满了温暖的日光。其间我喝了早茶，做了每日祈祷／冥想。我为一位在英国的客户提供了一次完美的咨询，她正在大步发展她的企业。我给学员们上了一堂不错的在线课程，处理了一些已经耽搁很久的注册事务。我写了点东西，打了个小盹，和我的妹妹进行了一次长谈，拉拉杂杂，无所不谈，非常尽兴。卢克和我在沙滩上散了会儿步，然后我煮了饭。（我做了好吃得要死的烤鸡。诀窍就是在鸡上刷黄油和海盐，再在鸡皮下放一些切成薄片的大蒜，然后把鸡放在烤架上，盘底部放半杯水防止烤焦，用最高温度——450华氏度烤，按每磅15分钟计算时间，中间不需要停下再涂油。神奇。）

有时你会听到一些歌曲或者故事里面说，在美好时光消失之前，你不会注意到它们。如何感知到平常即珍贵？我认为我正在使用并在这本书中提到的意念训练让我能在生活开始的时候就感知到这一点。我在每个当下都心怀感激，而非后悔。

你超凡的未来就在此刻。你值得拥有。你现在就有这个世界需要的天赋和技能。你此刻丰富的表达是最合适、最必要、最令人满意的，之后也难以企及。你的错误都是完美的。你至今的旅程也是完美的。你处境完美，面向未来。

一旦你知道了怎样肯定自己，你就能教别人也这样做。也可能不会。当你能够让自己的天赋发光发热，你就会启发别人。也可能不会。当你不再妄自菲薄或鄙视他人，或许就能为所有人营造出更加友善的环境。也可能不会。你只需要对自己负责。顺其自然吧。

我们知道自己只能在世上停留很短的一段时间，但是我们却表现得好像不知道这一点似的。你不会有无穷尽的机会来做你的工作，所以现在就做吧。将来会有一刻，你不再能表达你的爱，所以现在就表达吧。将来会有一刻，你所有的计划、借口都成了过眼烟云。你所拥有的就是现在。

当我们完全投入在当下，我们会陶醉于其中。它的出现和离去都自有其美。我们感觉到了时间的亲吻，而非惩罚。

我对你的祝福就在那一吻之中。

[全书结束]

图书在版编目（CIP）数据

果断美 /（美）萨姆·本内特著；徐思思译 . -- 北京：北京联合出版公司，2019.3

ISBN 978-7-5596-0293-0

Ⅰ . ①果… Ⅱ . ①萨… ②徐… Ⅲ . ①人生哲学－通俗读物 Ⅳ . ① B821-49

中国版本图书馆 CIP 数据核字 (2018) 第 260142 号

北京市版权局著作权合同登记号 图字：01-2019-0477 号

果断美

作　　者：[美]萨姆·本内特
译　　者：徐思思
选题策划：李珊珊
责任编辑：徐　鹏
出版统筹：谭燕春
特约监制：高继书

北京联合出版公司出版
（北京市西城区德外大街83号楼9层　100088）
北京联合天畅发行公司发行
北京美图印务有限公司印刷　新华书店经销
字数165千字　870毫米×1230毫米　1/32　11印张
2019年3月第1版　2019年3月第1次印刷
ISBN 978-7-5596-0293-0
定价：59.80元